墨累—达令流域水审计监测系列丛书

墨累—达令流域初期水审计监测

[澳]墨累—达令流域委员会　著

桑学锋　翟正丽　赵　勇

朱永楠　张瑞美　陈　娟

郭重汕　尚毅梓　张爱静

王　珂　顾世祥　陈　欣　译

刘　镇　金文君　陈根发

葛怀凤　孙青言　于赢东

王丽珍　周祖昊　严子奇

冶运涛　刘佳嘉　李相南

电子工业出版社
Publishing House of Electronics Industry
北京·BEIJING

内 容 简 介

《墨累—达令流域初期水审计监测》反映了澳大利亚水资源管理的先进理念和方法。本监测报告主要是为保护流域生态环境和可持续利用、做到取水限额实施的公开化和透明化而开展的实际用水情况的审计，涵盖流域水文年的气候概况、水的可用性分配、水交易分配、年度用水、年度取水限额信用和累积取水限额信用等方面的内容。

本书既可作为水资源规划和水资源管理相关专业广大科技工作者、工程技术与管理人员工作中的参考书，也可为相关专业的在校师生提供参考。

Authorized translation from the English language edition, entitled Water Audit Monitoring Report: Report of the Murray-Darling Basin Commission on the final year of the Interim Cap in the Murray-Darling Basin, published by Murray-Darling Basin Authority.

Publishing House of Electronics Industry is authorized to publish and distribute exclusively the Chinese (Simplified Characters) language edition. This edition is authorized for sale throughout Mainland of China. No part of the publication may be reproduced or distributed by any means, or stored in a database or retrieval system, without the prior written permission of the publisher.

本报告由墨累—达令流域委员会发布，并经其授权翻译出版。版权所有，侵权必究。本书中文简体翻译版授权由电子工业出版社独家出版并限在中国大陆地区销售。未经出版者书面许可，不得以任何方式复制或发行本书的任何部分。

未经许可，不得以任何方式复制或抄袭本书之部分或全部内容。

版权所有，侵权必究。

图书在版编目（CIP）数据

墨累—达令流域初期水审计监测 / 墨累—达令流域委员会著；桑学锋等译. —北京：电子工业出版社，2018.1
（墨累—达令流域水审计监测系列丛书）
ISBN 978-7-121-30707-2

Ⅰ. ①墨… Ⅱ. ①墨… ②桑… Ⅲ. ①流域—水资源管理—研究—澳大利亚 Ⅳ. ①TV213.4

中国版本图书馆 CIP 数据核字（2016）第 311723 号

策划编辑：李　敏
责任编辑：李　敏　　　特约编辑：刘广钦　刘红涛
印　　刷：北京七彩京通数码快印有限公司
装　　订：北京七彩京通数码快印有限公司
出版发行：电子工业出版社
　　　　　北京市海淀区万寿路 173 信箱　邮编 100036
开　　本：720×1 000　1/16　印张：12.25　字数：184 千字
版　　次：2018 年 1 月第 1 版
印　　次：2018 年 1 月第 1 次印刷
定　　价：49.00 元

凡所购买电子工业出版社图书有缺损问题，请向购买书店调换。若书店售缺，请与本社发行部联系，联系及邮购电话：(010) 88254888，88258888。
质量投诉请发邮件至 zlts@phei.com.cn，盗版侵权举报请发邮件至 dbqq@phei.com.cn。
本书咨询联系方式：010-88254753 或 limin@phei.com.cn。

序

全流域尺度的管理是水资源可持续利用与生态系统保护的关键，随着人类活动的不断加强和影响，新时期水资源管理逐渐重视水资源系统各组成要素及水资源系统与人类、社会、经济、环境之间的联系。水资源管理更多关注水系统而非水资源本身，综合利用集水区自然资源原理和方法，强调地方分权，突出分担决策、相互合作、引入利益方等措施方法，已成为国内外研究的热点。

墨累—达令流域是澳大利亚水资源开发利用程度最高的流域。20 世纪 90 年代起，经济社会的快速发展带来了水资源的长期过度开发利用，造成了流域环境流量不足、水质下降、土地盐碱化、湿地减少等一系列问题，严重威胁了地区的可持续健康发展。

面对自然资源严重退化、许多政策和措施又不能有效防治的情况，为了加强流域管理，1994 年澳大利亚联邦政府成立了墨累—达令流域部长理事会和流域委员会。1996 年 6 月，墨累—达令流域部长理事会决定对从流域引用的水量加以限制，对水资源总量进行控制，并开始组织撰写年度用水审计监测报告，以实现取水限额实施的公开化和透明化。《墨累—达令流域水审计监测报告》概述了墨累—达令流域各州不同地区的用水情况，并对数据的精度进行了分析；同时尽可能地对地区的实际用水总量与取水限额控制下的应取用水量进行了比较和分析，并对各州年度影响用水开展总结、对来年将采取的措施进行展望。

《墨累—达令流域水审计监测报告》反映了流域用水取用管理对提高水资源利用效率、保障流域生态环境可持续发展的实践效果，对以流域为基础的水资源规划管理、水权分配与交易具有一定的借鉴意义，特别是对于中国开展的水生态文明建设和最严格水资源管理落实具有很好的参考价值。希望本书能为水资源规划和管理相关的广大科技工作者、工程技术与管理人员，以及相关高校师生提供借鉴。

中国工程院院士

2017 年 12 月

译者前言

水资源管理是落实水资源合理开发利用的主要抓手，涉及水量指标分配、取用水管理、水权交易等方面的内容。由于水文来水变化的特点，上述指标需要动态调整。年度取用水审计监测不仅可以总结年度的用水情况，还可以为下一年度的管理提供科学支撑。

《墨累—达令流域水审计监测报告》对年度内流域各州水资源利用情况、实际用水总量与取水限额控制下应取用水量、年度用水影响因素、水权交易情况及取用水数据精度等进行了系统论述，反映了澳大利亚最先进的水资源管理方法。2007 年，澳大利亚墨累—达令流域管理局制定了《墨累—达令流域规划》（以下简称《MDB 流域规划》），这标志着墨累—达令流域水资源管理进入了一个新的发展阶段。因此，1995—2006 年是墨累—达令流域水审计监测的初期取用管理阶段，2007 年至今代表墨累—达令流域近期的取用管理阶段。考虑到《墨累—达令流域水审计监测报告》的代表性和年度水文情况，本译著选取墨累—达令流域水审计监测 1996/97 年度和 2002/03 年度的报告，来反映墨累—达令流域初期的取用水情况，从该译著中读者可以了解墨累—达令流域初期取用水管理面临的问题和解决方法。

本译著分为两部分，上篇为《墨累—达令流域取用水审计监测报告（1996—1997）》，共 13 章；下篇为《墨累—达令流域取用水审计监测报告（2002—2003）》，共 14 章。本译著的翻译工作得到了诸多老师、同事、同学、朋友的帮助，正是在这些帮助之下，本译著得以顺利出版。首先，感谢澳大利亚墨累—达令流域委员会，正是流域委员会的组织协调及年度报告，使得我们深入了解墨累—达令流域水资源管理的具体方法和经验总结，感谢 Andrew Beer 先生给予的帮助和指导。其次，感谢我的三位合作者：翟正丽、赵勇、朱永楠。翟正丽高工对新南威尔士州等地州的取用水情况做了大量深入的了解和翻译；赵勇教授级高工对水资源径流变化方面进行了翻译，并对全文进行了指导；朱永楠高工对水交易方面开展了翻译和指导。最后感谢尚毅梓、陈娟、郭重汕、陈根发、孙青言、于赢东、周祖昊、严子奇、刘佳嘉等同事对马兰比季河、墨累河、拉克兰河、圭迪尔河、麦夸里河、纳莫伊河、巴朗—达令河等流域取用水分析方面的翻译工作，感谢水利部发展研究中心张瑞美博士对取水限额措施方面的翻译工作，感谢南水北调办张爱静对地下水方面的翻译工作，感谢云南省水利水电勘测设计院顾世祥、陈欣对边界河取用水方面的翻译工作，感谢山东省水利厅王珂主任、内蒙古水利厅金文君副主任、鄂州市水务局刘镇主任对水资源管理方面的翻译工作和指导，感谢李相南、常奂宇等同学为本书的翻译做出的大量付出。另外，全书由桑学锋、翟正丽负责统稿。

本书得到国家重点研发计划"京津冀多水源多目标协同调配与安全保障方案"（2016YFC0401407）、国家自然科学基金项目"区域农业耗用水变化机理与用水红线动态调控技术研究"（51409274）、国家自然科学基金项目"水资源供需动态响应机制与模拟方法研究"（51409274）、中国水利水电科学研究院创新团队项目"社会水循环驱动机理与效率调控"（WR0145B622017）的支持。

本书经墨累—达令流域委员会同意和授权翻译出版，期望此译著的出版能为水资源规划管理理论与实践工作提供有价值的参考，可对国内从事水资源相关领域研究的科研人员有所帮助。受时间和水平的局限，书中如有挂一漏万和错误背谬之处，敬请广大读者批评指正。

译　者

2017 年 12 月

原著致谢

　　《墨累—达令流域水审计监测报告》的编写得到了众多专家的支持，他们投入了许多精力与宝贵的时间。政府间工作小组与委员会为该报告的编写也做出了巨大的贡献。在这里我们就不详述每位参与者的姓名，我们对以下的单位表示深深的感谢：

- 澳大利亚联邦气象局

- 澳大利亚农业、渔业、林业部

- 澳大利亚首都环境部

- 新南威尔士州水土保护局

- 昆士兰州自然资源和矿业部

- 南澳大利亚水资源部

- 维多利亚州自然资源和环境部

如引用本报告，引用方式：Water Audit Monitoring Report +年度。

版权所有：墨累—达令流域委员会。

墨累—达令流域委员会详细联系方式：

办公地址： Level 5, 15 Moore St, Canberra, Australian Capital Territory

邮寄地址： GPO Box 409, Canberra ACT 2601

电　话： (02) 6279 0100

传　真： (02) 6248 8053

邮　箱： info@mdbc.gov.au

网　址： http://www.mdbc.gov.au

目 录 —————————— Contents ———

上篇

墨累—达令流域取用水审计监测报告

（1996—1997）

关于墨累—达令流域临时取水总量限额的报告

墨累—达令流域委员会

1998-10

第 1 章 引言

在 1995 年 6 月审查墨累—达令流域水资源利用情况以后，墨累—达令流域部长理事会决定进行流域取水限额控制（1995 年用水审计情况及取水限额控制在第二部分会详细解释）。为了做到取水限额实施的公开化和透明化，部长理事会一致同意每年均组织撰写用水审计报告。

本报告总结了墨累—达令流域 1996/97 水文年（以下简称 1996/97 年）的水资源利用情况。总体来说，麦夸里河及其南部河流的水文年从 7 月到次年 6 月，麦夸里以北河流的水文年从 10 月到次年的 9 月。本报告概述了各州不同地区的用水情况，还对数据的精度进行了分析，并尽可能地对地区的实际用水总量与取水限额控制下的应取用水量进行了比较。

报告不仅详述了取用水情况，还对流域内影响用水的主要活动进行了介绍。各州都总结了 1996/97 年影响用水的活动（见第 4～8 章）。此外，各州对来年将采取的一些措施进行了展望。

为了能快速评估这篇报告的调查结果，本章对流域各州的取水量与取水限额总量进行了总结（见表 1-1）。

表 1-1 1996/97 年各州取水量与取水限额比较分析

州	1996/97 年各州取水量与取水限额情况
新南威尔士州	新南威尔士州采用一种初等方法计算州内每个河流区域的取水限额。新南威尔士州 1996/97 年实际取水量与该取水限额相比,有些地区的取水量超出其取水限额,有些地区的取水量略低于其取水限额。在整个州的尺度上,我们仍认为该州的用水总量在取水总量限额的范围内。产生上述结果的根据如下: 用于计算用水定额方法的初始特性; 1996/97 年的临时用水定额管理制度,该制度为 1997 年 7 月将开始执行的正式定额管理制度的试用版
维多利亚州	用来评估维多利亚州最大取水量的方法仍在探索中,所以现阶段还没有方法来评估州内的实际用水量与取水限额的对比分析
南澳大利亚州	1996/97 年南澳大利亚州的取水量在取水限额以下。因此,南澳大利亚州用水量满足取水总量限额的要求
昆士兰州	昆士兰州水资源分配与管理规划仍然在完善发展中,最后将会确定昆士兰州的取水限额总量。1996/97 年昆士兰州取水量满足其临时取水限额的相关规定
澳大利亚首都特区	澳大利亚首都特区同意参加取水限额计划,并将与墨累—达令河流域委员会和独立审计委员会协商决定其具体的参与形式

第2章 背景

2.1 1995年6月墨累—达令流域取水审计

1995年6月，流域委员会完成了对墨累—达令流域的取水审计（《墨累—达令流域取用水审计监测报告》，墨累—达令流域部长理事会，堪培拉，1995）。审计结果表明，在过去6年里该流域的取水量增长了8%，截至1994年，平均年取水量为10800GL（$1GL=10^9L$）。

取水量的增加大幅度地减少了墨累河下游的流量，审计结果表明，从流域入海的水量仅为开发前入海量的21%；流量的减少对小型与中型的洪水事件影响最大，许多洪水过程消失，洪水过程发生的频率也显著降低；同时墨累河下游每年有60%的时间出现严重干旱，而在自然状态下，每年只有5%的时间出现类似情况。

河流流量的变化对河流健康产生了巨大影响，健康湿地的面积也在不断减少。河流流量的减小影响了鱼类产卵，导致天然鱼类数量减少；同时，枯水期越长，盐度越高，藻类爆发的频率随之增加。如果取水量持续增加将会导致河流健康状况进一步恶化。

审计委员会审查了在取水限额总量制定之前按照原有的水资源分配系统进行取水的模式。水资源分配系统是在当时水资源管理人员鼓励流域水资源开发的情况下发展起来的。该系统对水资源短缺时期的水资源进行了定量分配，因而并不适用于通常水资源丰富的情况或地区。据报道，在水资源审计之前的 5 年里，可用水量中只有 63%的水量被利用。审计发现，如果充分利用现有的水权，取水量将会增加 15%；然而取水量的增加将会降低水资源供应的安全稳定性，还会导致河流健康进一步恶化。

2.2　取水限额

1995 年 6 月，《墨累—达令流域取用水审计监测报告》被提交到墨累—达令流域部长理事会。流域水资源开发利用可以带来巨大的经济效益和社会效益，因此理事会决定，水资源开发利用与河道自身用水之间需要达到一个平衡，而且流域取水需要设定取水限额。独立审计委员会负责设定取水限额，这样可以充分考虑各州之间的用水公平性。

1996 年 12 月，理事会研究并通过了独立审计委员会 1996 年 11 月的报告，其决议如下：
- 新南威尔士州和维多利亚州的取水限额为 1993/94 年发展水平下的取水量；
- 南澳大利亚州的取水量应该控制在保障其发展的水平上。该限额比 1993/94 年的取水量略高，等于多年平均发展水平保障下许可量的 90%；
- 昆士兰州取水限额的确定需要在独立的水资源配置管理规划完成之后，该限额需要依据河口流量来确定。

随后，澳大利亚首都特区同意参加取水限额计划，并将与墨累—达令河流域委员会和独立审计委员会进行具体的协商。

取水限额的实施将改变流域内的水资源分配系统。例如，取水限额将改变一些用水户对水权的看法，特别是解决那些从未使用过水权的用户与那些充分使用水权的用户之间的冲突。新南威尔士州与维多利亚州都制定了实施取水限额措施的流程，并充分考虑了如何解决这些问题。

根据 1993/94 年用水水平确定流域内用水最多的两个州的取水总量限额，并对另外两个州（南澳大利亚州与昆士兰州）的取水措施进行了规划，部长理事会有效地建立了流域的分水框架。由于水权的重要性，各州根据取水限额取水是非常重要的。同时，取水限额制度的实施需要一个综合的总结报告系统，包括取水监测和总结报告方式的改进。

本报告体现了正在进行的各项改进。尽管取水限额制度的实施极大地改变了人们关于水资源分配和利用的看法，但各州对取水的监测与报告也是非常必要的。尤其是对于一些以技术为基础的支持系统（如改进的河流模型），这些监测与报告的实施与撰写远比预期的更费时、费力。

因此，期望的目标要经过长时间的努力才能实现，更需要用水户和各支流机构的理解和支持。本报告只是提供了现在收集整理的信息，特别指出了信息缺乏的地区，并对改善将来的监测和总结报告系统提出了建议，但离我们的理想目标还有一定差距。

2.3　独立审计委员会 1996/97 年取水限额制度实施总结

　　受墨累—达令流域部长理事会的委托，独立审计委员会对各州在 1996/97 年的取水总量限额管理措施的实施进展情况进行了审查总结（《1996/97 年取水总量限额制度实施总结》，墨累—达令流域部长理事会，1997 年 8 月，堪培拉），总结中提到的正式取水审计报告就是这份《墨累—达令流域取用水审计监测报告（1996—1997）》。

　　这份报告是对独立审计委员会总结的有益补充，然而报告里的数据是 1996/97 年获取的最终数据，数据取代独立审计委员会制定的数据。

第3章 1996/97年总结

3.1 用水总结

本报告中的数据由各相关的州政府机构收集，墨累—达令流域委员会整理。由于需要收集整理成千上万的用水户的取用水数据，所以准确的数据获取是非常困难的。1996/97年流域用水数据如表3-1所示。

表3-1 1996/97年流域用水数据

州	流 域	灌溉用水 （GL）	其他取水[1] （GL）	总 计 （GL）
新南威尔士州[2]	边界河	193	2	195
	圭迪尔河	415	0	415
	纳莫伊河	339	3	342
	麦夸里/卡斯尔雷/博根河	356	18	374
	巴朗—达令河	209	0	209
	下达令河	451	8	459
	拉克兰河	2662	13	2675
	马兰比季河	220	4	224
	墨累河	2190	33	2223
	总计[3]	7034	81	7115
维多利亚州	基沃河	9	3	12
	奥文斯河	15	11	26
	古尔本河/布洛肯河	1843	28	1871
	坎帕斯皮河	88	36	124
	洛登河	165	7	172
	威默拉河/麦里河	33	124	157

续表

州	流域	灌溉用水（GL）	其他取水[1]（GL）	总　计（GL）
维多利亚州	墨累河	1698	46	1744
	总计	3851	255	4106
南澳大利亚州	乡村城镇	0	35	35
	开垦沼泽区[4]	83	0	83
	从墨累河取水的其他地区	396	0	396
	阿德莱德	0	66	66
	总计	479	101	580
昆士兰州[2]	边界河	99	3	102
	麦金太尔河	9	0	9
	康达迈恩河/巴朗河	339	8	347
	沃里戈河/帕鲁河	2	0	2
	穆尼河	7	0	7
	总计[3]	456	11	467
澳大利亚首都特区[5]		5	25	30
流域总计		11825	473	12298

注：1. 其他用水包括居民用水、城市和工业用水；2. 新南威尔士州和昆士兰州取用水包括未经管理的河流取水的估计；3. 1996/97 年新南威尔士州未能考虑漫滩的取用水情况，昆士兰州也未将漫滩纳入最终统计数据中来（1996/97 年大约为 22GL）；4. 墨累河下游沼泽灌溉者取用水是基于作物实际用水确定的，并未对其取用水进行测量，计划在未来 2 年内对该区域进行恢复重建，包括取用水的测定；5. 这是净取水量，澳大利亚首都特区的水主要用于供应城市用水，具有较高的回归率（大约50%）。

从表 3-1 可以看出，1996/97 年是历年来用水最多的一年；新南威尔士州是取用水最多的一个州，昆士兰州是取用水第二大州，南澳大利亚州和维多利亚州分别居第四位和第五位，澳大利亚首都特区 1996/97 年的取用水量仍比 1992 年的取用水量少。

图 3-1 是 1983/84—1996/97 年各州历年取水量情况。

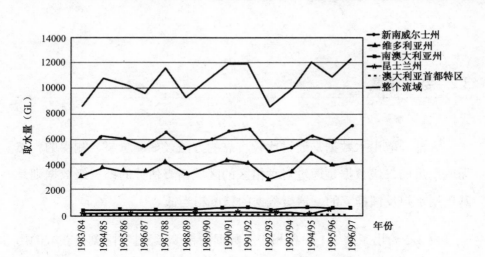

图 3-1　1983/84—1996/97 年各州历年取水量情况

图 3-2 是 1983/84—1996/97 年取水量小于 1000GL 州的历年取水量情况。

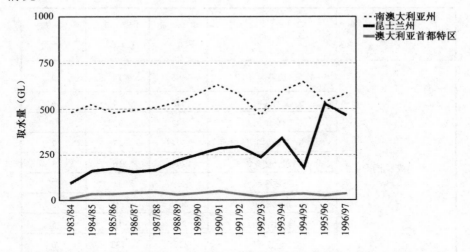

图 3-2　1983/84—1996/97 年取水量小于 1000GL 州的历年取水量情况

　　表 3-1 中的取用水数据并非全部来自监测数据，有些数据是基于灌溉面积或取水持续时间进行估计的。下面会对数据获取的精确性进行深入分析。

3.2 数据精度

大部分取用水数据是通过比较可靠的方法（如测量泵）测得的；然而取用水的二级数据是通过对种植区的区域调查估计的；三级数据则是基于用水户反馈推算的，这级数据的精度相当低。

表 3-2 给出了表 3-1 中各州取水数据的精度。经过实际测量获取的用水数据的精度是±5%，区域调查估计数据的精度是±20%，用水户反馈推算的数据精度为±40%。

表 3-2　1996/97 年各州的取水数据精度

州	流　域	取水量 （GL）	精　度 （±GL）	精　度 （±%）
	边界河	195	18	9
	圭迪尔河	415	24	6
	纳莫伊河	342	33	10
	麦夸里/卡斯尔雷/博根河	374	27	7
新南威尔士州	巴朗—达令河	209	16	8
	下达令河	459	31	7
	拉克兰河	2675	138	5
	马兰比季河	224	11	5
	墨累河	2223	133	6
	总计	7115	411	6
	基沃河	12	2	17
维多利亚州	奥文斯河	26	4	15
	古尔本河/布洛肯河	1871	94	5

续表

州	流域	取水量 （GL）	精度 （±GL）	精度 （±%）
维多利亚州	坎帕斯皮河	124	6	5
	洛登河	172	12	7
	威默拉河/麦里河	157	13	8
	墨累河	1744	122	7
	总计	4106	253	6
南澳大利亚州	乡村城镇	35	2	6
	开垦沼泽区	83	33	40
	从墨累河取水的其他地区	396	28	7
	阿德莱德	66	3	5
	总计	580	66	11
昆士兰州	边界河	102	12	12
	麦金太尔河	9	1	11
	康达迈恩河/巴朗河	347	62	18
	沃里戈河/帕鲁河	2	1	50
	穆尼河	7	3	43
	总计	467	79	17
澳大利亚首都特区		30	3	10
流域总计		12298	812	7

3.3 1996/97 年气候总结

1. 降雨

澳大利亚的降水等级标准分为：超丰水量、较丰水量、丰水量、均水量、枯水量、较枯水量、超枯水量。总体而言，流域北部地区降雨量大体上都在平均水量和较丰水量及以上，流域南部部分地区降雨量则低于平均水量（图略）。然而，较高的降水量并没有带来较大的河流流量。

根据 1996 年 11 月至 1997 年 4 月的降水量资料，流域南部地区的降水量在这一时期低于平均降水量（本时期为主要灌溉阶段），因此导致取水量大幅度增加（图略）。

2. 温度

根据 1996 年 7 月至 1997 年 6 月流域温度异常变化（实测温度与长期平均温度的差值）资料，这个时期整个流域的温度接近于平均温度，并未发生异常变化（图略）。

1996—1997 年流域全年的平均温度接近多年平均温度，而 1996 年 11 月至 1997 年 4 月（主要灌溉阶段）流域温度异常变化资料表明，流域南部的温度在灌溉期高于平均温度，流域北部的温度在灌溉期低于平均温度（图略）。

3.4 1996/97 年实际用水与取水限额比较

墨累—达令流域部长理事会对各州设定的取水限额如下。

- 新南威尔士州取水总量限额为 1993/94 年取水量加边界河平德里坝所需水量。

- 维多利亚州取水总量限额为 1993/94 年取水量加莫克安大坝所需

水量（最初为 22GL/年）。

- 南澳大利亚州：①650GL/5 年的水量通过南澳大利亚州首府阿德莱德供水系统用于供应城镇用水；②50GL/年的水供应于农村用水；③83.4GL/年的水用于沼泽恢复；④其他用水共 489.6GL/年，从长期平均来看，其他灌溉用水 440.6GL/年，占了 90%。

- 部长理事会还无法确定昆士兰州的取水限额，但是会在昆士兰州的水资源分配与管理规划完成后，按照规划确定其取水限额。

- 澳大利亚首都特区也加入了取水限额计划，它将与墨累—达令河流域委员会和独立审计委员会协商决定具体实施方案。

新南威尔士州和维多利亚州的取水总量限额并不等于 1993/94 年的取水量。另外，任何一年的取水限额均考虑了当年的气候水文条件，并基于 1993/94 年已有的基础设施（泵、坝、渠、灌溉面积和管理规则等）来确定最终的取水限额。

各州的一项重要任务就是确定每年的取水总量限额。各州用观测的气象和水文数据在每年年底计算取水总量限额。在流域南部，如果灌区降雨量较大就会导致该年的取水限额偏低；相反，如果降雨量较小就会导致取水限额偏高。另外，年取水总量限额还受到水资源可获性的影响。在流域南部，枯水年内的取水限额反映了该区域受水资源限制的水平；在流域北部，取水限额还受到蓄水量的影响。

由于取水总量限额的复杂性，其计算还要借助于计算机模型。模型综合考虑了一系列的气象、水文因素来模拟水流和蓄水等情况。建立上述模型是一项主要的任务。到目前为止，只有为数不多的模型开发成功，但是还没有经过严格的同行评审。同行评审从 1998 年 7 月开始，直到所有的模型达到预期的标准为止。尽管新南威尔士州基于简单的气象条件给出了初步的数据，但是现阶段还无法提供取水限额的最终数据。

虽然南澳大利亚州给出了直观的数据，但仍存在一些问题。南澳大利亚洲给出的第四类取水限额 440.6GL/年是基于多年平均的气候条件的结果，如果某年降水量极少或极多，就不能参考这个数据。另外，第一类取水限额 5 年内 650GL 可为超过 100 万人口的阿德莱德首府提供 99% 的用水保证率。这个数据是通过阿德莱德首府东北部的山岭从墨累河近 200 年的取水数据模拟得出的，阿德莱德首府的用水量大约为 200GL，由于用水量可能存在一定的变化，所以给出的取水限额仍然有一定的变化范围：20GL（10%）～190GL（95%）。

1996/97 年的取水量统计是临时取水总量限额实施的最后一年。部长理事会审议通过了各州的实际取水量相对于取水总量限额比较的计算方法：各部门的实际取水量与 1997 年 7 月以来确定的取水限额的累积差异值。如果累积差异值超过了墨累—达令流域协议附表 F 中确定的极限值，委员会必须发表声明：该州超出了取水限额。

表 3-3 是新南威尔士州和南澳大利亚州实际取水量与年取水限额的对比。新南威尔士州的数据只是一个初步的结果，在经过模型进一步分析后可能会有所调整。例如，阿德莱德首府的统计数据是基于 5 年这一时间尺度的（5 年的取水总量限额是 650GL）。阿德莱德首府实际取用水量与取水限额的对比如表 3-4 所示。

表 3-3 新南威尔士州和南澳大利亚州实际取水量与取水限额对比

州	流域	年取水量（GL）	取水限额（GL）	取水量－取水限额（GL）
新南威尔士州	边界河	195	195	0
	圭迪尔河	415	416	−1
	纳莫伊河	342	240	102
	麦夸里/卡斯尔雷/博根河	374	585	−211
	巴朗—达令河/下达令河	209	209	0
	拉克兰河	459	392	67
	马兰比季河	2675	2484	191
	墨累河	224	—	—
南澳大利亚州	乡村城镇	35	50	−15
	开垦沼泽区	83	83	0
	南澳大利亚州的其他地区	396	—	
	阿德莱德地区	见表 3-4		
	南澳大利亚州（乡村城镇及开垦沼泽区）	118	133	−15

表 3-4 南澳大利亚州阿德莱德地区实际取水量与取水限额对比

州	流域	年取水量（GL）	5 年累积取水量（包括 1996/97 年）（GL）	5 年累积取水限额（GL）	取水量－取水限额（GL）
南澳大利亚州	阿德莱德地区	66	428	650	−222

第4章 1996/97 年新南威尔士州用水总结

4.1 概况

　　新南威尔士州大部分地区的取水量都在取水限额范围内。取水量超过取水限额的流域有：马兰比季河、拉克兰河和纳莫伊河。影响新南威尔士州各流域取水的因素将在下文详述。

4.2 Murrumbidgee（马兰比季河）

　　马兰比季河 1996/97 年取水量为 2675GL，这是有纪录以来取水量最大的一年，超过了取水限额 191GL，原因如下。

　　1996 年 7 月，马兰比季河宣布按用户水权 100%供应水资源，给予灌溉者可用水资源量共 2358GL，这还不包括未经管制的、水资源丰富的支流供水及系统的水量损耗。取水限额措施规定，未管制的支流只对那些长期依赖这些支流生产的用户供水，但其取水量不能超过 440GL。1996 年 10 月，马兰比季河取消了对未管制支流的取水限额措施，灌溉者可任意取水。这是因为休姆大坝安全放水导致墨累河水资源减少，马兰比季河的水资源需要补给墨累河。因此，这一时期马兰比季河水资源的可获取性非常高，未进行管制导致了较高的取水量。

另一原因是此时期马兰比季河流域气候干燥，1996 年 7 月至 1997 年 6 月的综合蒸发蒸腾量为 1616mm，这是 1979/80 年以来第二大干旱年。夏季、秋季和冬季干旱期的延长导致全年取用水量增加。

1995/96 年流域拥有稻田 4000 公顷，1996/97 年稻田面积达到 8200 公顷。水土保持部地方机构调查显示，马兰比季河流域近几年来其他作物面积也大幅度增长，1996/97 年的增长趋势依然保持。作物面积的增加也是导致取水量超出取水限额的重要原因。

4.3　Murray（墨累河）

1996/97 年墨累河流域取水量为 2223GL，在该流域的取水限额范围内。

墨累河流域在 1996/97 年按用户水权的 100%供水，在 1997 年 2 月又多供给 10%以满足用水户需要。在取水限额政策下，未管制河流可取水 250GL，但这些水资源只能供给那些长期依赖这些支流生产的用户，然而 1996 年 10 月休姆大坝安全放水时这一限制也取消了。

1996/97 年气候比较干旱，1996 年 10 月至 1997 年 4 月墨累河流域降水量仅为 137mm。自 1909 年 10 月以来，只有 24%的年份比较干旱。

尽管墨累河流域稻田面积增长了 11000 公顷，但是其用水量仍未超过取水限额。一个原因是通常用于灌溉冬季作物的水资源被用来补给大面积的稻田用水，导致冬季作物用水大幅度减少；另一个原因是墨累河流域在 1996/97 年持续更新改进其灌溉措施。

4.4 Lachlan（拉克兰河）

拉克兰河流域 1996/97 年总取水量为 459GL，超过取水限额 67GL。1996 年 8 月初的报告指出，该流域水资源比较丰富，能按用户水权的 70% 供给，并且还有 20% 的上个季度剩余水权，因此 1996/97 年年初用户拥有水权 90% 的水资源。再加上拉克兰河流域 1996 年 9 月和 10 月的持续降水导致怀安加拉蓄水坝的泄流，结果用户增加到 100% 水权。取水限额政策规定该流域未管制河流的取水限额是 30GL。

由于水资源的可获性较高，拉克兰河流域作物灌溉面积达到 95145 公顷。这比 1994/95 年的灌溉面积增长了 14%，主要原因是冬季牧场、夏季和冬季谷物、油籽、植物和水果面积的增加，但是，紫苜蓿和牧草的面积分别减少了 9% 和 16%。1996/97 年，冬季谷物成为该流域最主要的作物类型，占了作物种植面积的 28%。但总的来说，拉克兰河流域作物种植面积仍是增长的。

1997 年年初，大多数灌溉者仍有大量的可用水资源。但是，由于该流域 2～4 月的气候极为干旱，尤其是 4 月，是有纪录以来最干旱的月份，所以分配水量的剩余部分基本都用于灌溉大面积的冬季作物。这就导致了冬季用水量的增加。

综上，初期水资源的高获取性、作物面积增加，以及夏季、秋季、冬季早期干旱期的延长共同导致了拉克兰河流域取水量超出了取水限额。

4.5 Gwydir（圭迪尔河）

1996/97 年圭迪尔河流域的取水量是 415GL，在取水总量限额的范围内。

1996/97 年的水资源按照用户水权的 75%供给分配，灌溉面积是 72680 公顷。

圭迪尔河流域在 1995 年引入了环境流量规则。环境流量规则限制非管制支流的最大取水量为每次洪水的 50%，其他 50%用于湿地管理。将水土保持部的水量水质综合模型用在圭迪尔河流域 1993/94 年的气象水文条件下，结果表明：在环境流量规则和其他基本的管理措施下，流域长期平均取水量将低于 1993/94 年发展水平下预估的取水量。在 1996/97 年的气象水文条件下，模型的运行证明这些规则可以提高取水量相对于取水限额的满足率。

4.6 Macquarie（麦夸里河）

麦夸里河流域 1996/97 年的总取水量为 374GL，比平均取水限额低 211GL。

分水报告的及时发布对麦夸里河流域 1996/97 年的用水发挥了积极的作用。1996 年 7 月 1 日，报告公布 1996/97 年年初流域按用户水权的 0%和上个季度剩余水权的 25%进行水资源分配。1996 年 8 月和 10 月，情况有所改善，可按用户水权的 70%供给水资源，并且还有 25%上季度剩余水量，最终按用户水权的 85%进行水资源分配，其中包括上季度剩余水权的 25%剩余水量。尽管最初的分配水量比较少，但是 1996/97 年年初几个月的降雨为 9 月初的作物种植提供了充足的土壤水分。1996/97 年棉花种植面积是 34000 公顷。

另外，还有两个用水政策对麦夸里河流域 1996/97 年的取用水量影响较大：一个是《1996 年麦夸里湿地水资源管理计划》，另一个是《麦夸里河流域上季度剩余水管理方案》。

《1996 年麦夸里湿地水资源管理计划》不但考虑了各用户的用水需求，还要为麦夸里湿地的健康发展考虑。1996/97 年流入湿地的水量为 350GL，而在该计划实行之前的入流量仅为 180GL。

《麦夸里河流域上季度剩余水管理方案》的引入对麦夸里河流域的浇灌行业带来了巨大的变化：1996/97 年用于低效益行业的水量减少，人们不再耕种低收益的作物；最高产的两种作物——棉花和葡萄（用来酿制葡萄酒），种植面积大量增加。

这些变化带来的结果是：

- 与以 1993/94 年发展水平为基准预估的取水量相比，流域取水量减少了 30%，1996/97 年流域内取水量相对于取水限额的满足率较好；
- 麦夸里湿地取得了较好的环境效益；
- 水资源利用效率的增加及种植高效益的作物使得经济持续发展。

4.7　Namoi（纳莫伊河）

纳莫伊河流域 1996/97 年总取水量为 342GL（纳莫伊河流域，以及流域北部的水文年是 10 月到次年 9 月），比取水限额多了 102GL。一系列的事件导致取水超限。

1996 年 10 月 4 日，纳莫伊河流域宣布按照用户水权的 100%分配水资源。这使得用户有足够的水资源，种植面积达到了 65000 公顷。和往常一样，棉花是该流域的主用种植作物，占了种植面积的大约 95%。

纳莫伊河流域 1996/97 年的气候属于中等偏湿，1997 年 5 月至 1996 年 10 月流域总的净蒸发蒸腾量为 943mm。1996/97 年前半季的气候条件不是十分利于棉花的生长，然而后半季气候条件的改善及充足的水分供给带来了棉花的丰收。

1997 年年中，纳莫伊河流域的灌溉者可以选择是否将 1996/97 年未使用的水权转到 1997/98 年使用。灌溉者和水土保持部都不同意这么做，因为这样会导致联合用水许可证（只有在分配的水资源低于水权的 100%时使用）的滥用，从而危及本来就有巨大压力的纳莫伊河流域的地下水系统。作为这个协议的一部分，纳莫伊河流域灌溉者向水土保持部保证只有在必要的时候他们才会将 1996/97 年的剩余水权用于灌溉保证重要作物的生长。1997 年 7 月底的取水限额实施进展报告指出，流域用水量接近 1993/94 年发展水平下预估的用水量。

1997 年 8 月初，纳莫伊河流域公布 1997/98 年水资源分配按用户水权的 100%供水。1997 年 8 月和 9 月，灌溉者投票决定将 1996/97 年剩余水权的水量储存起来。这一系列的事件不仅导致 1997 年 9 月流域的用水量增加，而且导致 1996/97 年的取水量超出取水限额。

4.8　Barwon-Darling（巴朗—达令河）

巴朗—达令河流域（麦宁迪湖以上）1996/97 年的取水量是 209GL，比取水限额超出了 102GL。基础设施的发展，包括种植面积的增长和用户储水体积的增长，都导致 1993/94 年以来取水量的大幅度增长。虽然这种趋势看上去可能会导致取水量超出取水限额。然而，只有经过现在正在开发的巴朗—达令河流域水量水质综合模型的验证以后才能有最终结论。这个模型现在已开发到最后一个阶段。

4.9　Border Rivers（边界河）

边界河流域（麦宁迪湖以上）1996/97 年的取水量是 209GL。1996/97 年对拥用 A 类水权的用户按 100%水权供应，对拥有 B 类水权的用户按 65%水权供应。边界河流域水资源利用率整体偏低，这就导致各用户分配的水资源相对于水权的百分比较低，但这不代表该流域的水资源缺乏。

至今还没有工具可以对边界河流域的取水限额进行审计。边界河流域水量水质综合模型将于 1999 年开发成功，这个模型可以用来判断 1996/97 年流域的取水量是否超过了取水限额。

4.10　Lower Darling（下达令河）

下达令河流域（麦宁迪湖以下的达令河流域）1996/97 年的总取水量是 224GL。水土保持部在下达令河流域应用的审计方法显示，下达令河流域 1996/97 年的取水量比取水限额超出 102GL；然而，数据表明流域取水量是低于取水限额的。1996/97 年从坦多湖的取水量是 134GL，而历史上从坦多湖的最大取水量是 210GL，1996/97 年的取水量比最大取水量低了 76GL。

第 5 章 1996/97 年维多利亚州用水总结

5.1 用水限额政策

按照墨累—达令流域部长理事会进行取水限额政策的决定，维多利亚州修订了一系列的水资源管理措施来阻止用水增长，包括：对暂时性和永久性水权交易的限制，对一定水资源分配量的减少，新水权发放的控制。

1996/97 年以前又对这些措施进行了审查和修订，包括如下方面。

（1）取水许可证用于直接从河流中取水时，只在以下情况适用：用户在河流上游取水，但是取用的水资源总量不能太大，不能严重影响河流的流量。因此，一般只适用于居民与牲畜用水。

（2）坎帕斯皮河流域系统中关于用户分配水的最高交易量的用水限额被提高到 120%。这是因为最初设定的最高交易量过分限制了水资源的利用。

5.2 取水量

墨累—达令流域维多利亚州的取用水量如表 3-1 所示。流域中大部分地区由于季节干旱异常导致 1996/97 年从河流和溪流中取用的水量超过了这 10 年以来的平均水平。古尔本—墨累流域的用户取用水量达到纪录以来的第 3 位。1997 年秋季和冬季的干旱使得用户无法从古尔本坝和瓦兰加流域取水，不能为 1997/98 年的用水做准备。因此，1996 年的总取水量比较低。一般情况下，秋季和冬季降雨可为瓦兰加流补充水分供下季的灌溉使用（一般为 160GL）。

维多利亚州从墨累—达令流域取水的总量达到了 4106GL，分配的可供使用（包括系统损失）的水量是 5535GL，最终对分配量的利用率是 74%。

5.3 1996/97 年总结

5.3.1 水资源分配

1996 年 8 月 22 日，流域委员会公布了《1996/97 年水资源分配计划》：在古尔本—墨累流域可按照水权 100%分配，并且可以 100%进行交易；坎帕斯皮河流域可按照水权的 120%进行交易；布洛肯河流域按 100%水权分配，最高 70%的水权可用于交易。

5.3.2 限额取消

1996/97 年初期对所有河流实行限额取消。墨累河、米塔—米塔河、布洛肯河、古尔本—布洛肯河流域都取消了限额，该状况一直持续到 1996 年 11 月 6 日；在洛登河和古尔本—布洛肯河流域，取消限额的政策执行到了 10 月 23 日；坎帕斯皮河流域执行到了 10 月 30 日；奥文斯河流域执行到了 12 月 25 日。

限额取消时期的取用水量大约为 262GL，然而大部分取用水量是由那些起初并没有超出他们分配水量的用户取用的。

5.3.3　初始的蓄水条件

1996/97 年灌溉季节初期，墨累—达令流域委员会（MDBC）和古尔本—墨累流域水资源存储条件良好，大约有 89%的存储能力。截至 1996 年 10 月，蓄水能力改善为 98%；紧接而来的大量的春季降雨导致入流水量超出蓄水能力的 10%。

5.3.4　最终的蓄水条件

1996/97 年灌溉季节末期，墨累—达令流域委员会和古尔本—墨累流域总的蓄水能力降为 56%，上个灌溉季节的末期其蓄水能力是 63%。

1996 年 10 月，休姆大坝因结构安全决定进行放水。这并没有对流域 1996/97 年的水资源供应产生影响，但是减少了 1997/98 年的可用水量。

5.3.5　输水

1. 输水方式

1996/97 年冬季和早春，流域的降雨量在平均值或平均值以上。古尔本—墨累灌溉地区在 1996 年 10 月中旬严重缺水，达到历史最高值，一直持续到次年 5 月中旬。原因是 1996 年 11 月至 1997 年 4 月是纪录以来最干旱的时期，这期间只有两次小型降雨，一次是圣诞节的降雨，另一次是澳大利亚日前后的降雨，这两次降雨暂时缓解了用水需求。

2. 输送中的问题

水资源的缺乏与持续的高用水需求导致伊尔顿高比率放水补给，这种比率甚至超过了以前从伊尔顿向墨累流域的输水量。大量的取水除了用于维持瓦兰加流域的目标水位，还用于保证直到该季末期瓦兰加西部渠道的水流维持一定的输移速度。

3. 最终输水

1996/97 年，耕地总的灌溉补给量大约为 2710GL，其中 910GL（水权的 55%）是买来的，超过了 10 年的平均水平 665GL。

4. 历史比较

1996/97 年总的灌溉输水在历史上居第三位，仅次于 1994/95 年和 1990/91 年。输水量略高于 1987/88 年的输水量；然而相对于 1987/88 年来说，1996/97 年的水权利用率较高，水权交易量相对较低。

5.3.6 渠道输水能力问题

夏季持续的高温天气造成灌溉需水急剧增加，超过了许多地区渠道管网的输水能力。瓦兰加西部渠道就经常给罗契斯特和金字塔山带来这样的问题，1996/97 年又出现了类似的情况。亚拉沃加主渠道以最大输水能力向墨累流域供水，并且延长了供水时间。以往很少遇到这种情况的古尔本中部和雪帕顿也受到了影响。

因为麦宁迪湖较大的储水量和新南威尔士州用水需求的减少，使得 1996/97 年墨累流域没有出现渠道输水能力带来的问题。

5.4　水资源买卖

1996/97 年永久性的水权交易量大约为 11000ML（1ML=10^6L）。这 与 1995/96 年的交易量接近，但是高于 1994/95 年的水权交易量 3500ML。

1996/97 年暂时性的水资源交易量超过了 99000ML，其中，50%的交 易量是水权和许可证的水量买卖，50%的交易量是直接买卖。1996/97 年 暂时性的水资源交易量低于 1995/96 年交易量的 30%，主要是因为 1995/96 年古尔本河流域水资源分配额较低；低于 1994/95 年交易量的 60%，是因为 1994/95 年比较干旱，对水权交易进行了限制。

5.5　环境流

1996/97 年，巴尔马—米瓦森林和维多利亚北部湿地都没有使用他们 分配的环境流。

第 6 章　1996/97 年南澳大利亚州用水总结

南澳大利亚州灌溉用水长期平均限额是 440.6GL（占总分配水量 489.6GL 的 90%），1996/97 年的灌溉用水量在这个限额范围内。尽管 1996/97 年的降雨量和往年相当，但是抽水地区和拥有个人水权的用户用水量比往年增加了大约 8%。墨累—达令流域的南澳大利亚州四个水文年的灌溉用水总结如表 6-1 所示。

表 6-1　南澳大利亚州灌溉用水情况

用　水	用水限额 （GL）	1993/94 年 （GL）	1994/95 年 （GL）	1995/96 年 （GL）	1996/97 年 （GL）
抽水灌溉	440.6	374.1	363.2	365	395.9
湿地灌溉	83.4	83.4	83.4	83.4	83.4
总灌溉	524	457.5	446.6	448.4	479.3
降雨量（mm）	—	330	240	290	280

灌溉用水增加的主要原因是 1993/94 年和 1994/95 年大量永久植被的生长发育需水，从而导致 1996/97 年需水量增加。在南澳大利亚州，由于分配水资源的永久性转移，发生了许多新的变化。随着这些植物的发育和成熟，在未来 4～5 年内将需要更多的用水（直到 1999/2000 年）。

过去两年南澳大利亚州新植被的栽种速度似乎有所降低，可能是因为分配水量的未利用部分减少。普遍认为，水权的永久交易（州内交易和州间交易）可以促进个人水权和抽水灌溉以现有水平发展。

在这个阶段，一系列的因素可能会减少水资源的用量，提高水资源的利用效率。为了达到灌溉效益最优化的目标，南澳大利亚州需要准备并实行灌溉和排水管理规划，从而对州内或州间的所有的分配水交易进行管理。此外，南澳大利亚州还为种植者提供教育课程，现在已有一部分种植者参加并完成了提高灌溉效率、进行财产管理的培训。

阿德莱德首府的用水限额是以 5 年为尺度的，要求不超过 650GL。1996/97 年阿德莱德首府从墨累河取水量为 66GL，且 5 年内用水量为 428GL，远低于用水限额 650GL。

第 7 章　1996/97 年昆士兰州用水总结

7.1　概述

昆士兰州的用水量仍保持在临时取水限额之下，满足用水审计的要求，并在继续完善全面的水管理规划的同时，一如既往地总结期间的发展和已有的用水项目。

1995 年 6 月 30 日，墨累—达令流域部长理事会决议限制用水，用临时行动限制用水的进一步增长。1996 年 6 月 28 日，《昆士兰州限额管理修订案》在部长理事会上提出并审议。很明显，整个流域限额管理制度的建立需要比预期更长的时间。

在这种情况下，延期的修订案作为暂时的管理模式被应用。它给出了昆士兰州的发展历史和公正的定位；同时，还指出需要确保延期方案不会超出分配的限额，这个限额通过包括保护环境在内的完善的规划过程得到。

昆士兰州实行的临时方案主要包括：
- 继续处理新提出的用水申请；
- 人居用水申请要优先于先前已经发放许可的管理单位；
- 处理有关现有水权取水和无许可取水的申请；
- 为小水权用户保障供水；

- 现行取水许可的充分利用；

- 与用水者协议以提高水情监测管理；

- 提高一些政府工程的水平。

供水工程是政府规划和工作的一部分，包括：

- 格奈特岛（Granite Belt）大坝（在边界河上游）；

- 圣佐治下游蓄水工程（巴朗河）；

- 在康达迈恩河上的四个堰（总蓄水能力 14000ML）。

7.2 取水限额的确定

取水限额的确定工作不断取得进步，但昆士兰州没有能力完成所有的研究和社会调查来支持 1998 年 7 月 1 日之前将要建立的这一规划。所以希望可以延长 12～24 个月来完成昆士兰州各流域的草案。几项主要影响进程的因素分别为：

- 需要更多的时间来收集足量的咨询；

- 在边界—巴朗—达令河流域需要协调新南威尔士州的河流流量和管理程序；这个工作开始后，已经取得了不错的进展，但同时实际上也延误了水文模型的工作；新南威尔士州水改革的实施正好可以取得水文模型需要的资料，这也是完成边界河限额规划工作所需要的；

- 昆士兰州和新南威尔士州的水文模型建立都比预期的时间要长，因为使用了日分辨率的模型，其数据整理和校验工作都比月分辨率的模型有数量级的差别；

- 一些优先流域［如菲茨罗伊河（Fitzroy）］的分水和水管理规划工程占用了昆士兰州的技术资源。

无论如何，昆士兰州仍在建立最终取水限额规划，并希望可以在未来的两年内逐步完成这一工作。

7.3 1996/97 年总结

从 1993/94 年开始收集流域范围内的有关取水许可、引水和分配方面的资料。昆士兰州 1993/94 年、1994/95 年、1995/96 年和 1996/97 年的监测报告已经分别编辑完成；现在开始准备 1997/98 年的监测报告。

1996/97 年，边界河水系洪水爆发，首先，1996 年 1 月穆尼河和康达迈恩河/巴朗河发生洪水，同年 5 月洪水再次爆发；其次，在沃里戈河/帕鲁河（仅 1996 年 1 月）也发生了洪水，但是程度较小。

由此，个人和河道中都储存了丰富的水资源，这一水文年的灌溉季开始了，1996 年 9 月的灌溉季水量丰富，几乎完全满足需求。很多地方开始了这一年的水资源分配，因为蓄水目标已经达到了 80%～100%，但圣佐治（St George）除外，因为它需要靠整季蓄水来满足目标。

1996/97 年各个独立流域的水情总结如表 7-1 所示。它们的明显特征是流域偏东部 1996 年 10～12 月的流量偏低，1997 年 2～3 月的流量显著偏大，冬季水流特征不显著。

表 7-1 昆士兰州水情和引水

流 域	水情和蓄水情况
康达迈恩河/巴朗河上游	1996 年 12 月有一系列的较小的洪水过程，蓄水机会比较有限。1997 年 2～3 月洪水过程较多，最大流量达到 9000ML/天。1996/97 年的蓄水机会整体有限

续表

流　域	水情和蓄水情况
康达迈恩河/ 巴朗河下游	1996 年小洪水没有到达巴朗河。1996 年 12 月和 1997 年 1 月需要从 Beardmore 坝泄水来补给，30 天内泄水总量达到了 28800ML。1997 年 2～3 月有洪水发生，洪峰流量达 60000ML/天，这是蓄水的好机会，洪水泛滥，水流也有利于巴朗—达令河流域
边界河	1996 年 10 月，Goondiwindi 洪峰流量达到了 45000ML/天，有 31 天的蓄水机会；其后蓄水机会比较有限（3 天/月）；直到 1997 年 2 月和 3 月在流域西部发生洪水，这次洪水在 Goondiwindi 洪峰为 50000ML/天，有 29 天的蓄水时间
穆尼河	1997 年 2 月和 3 月发生了两个相关的洪水过程,水量最高为 24000ML/天。这次洪水的利用有限
沃里戈河/帕鲁河	1996/97 年前期洪水一直较少，只有 1997 年 2 月和 3 月发生了洪峰为 115000ML/天的洪水。虽然 1997 年 2 月流量达到 50000ML/天的小洪水过程常有发生，但这些洪水的利用有限

7.4 蓄水

1996 年 10 月至 1997 年 3 月昆士兰州各流域的蓄水量总结如表 7-2 所示。

1996/97 年的蓄水量为总流量的 17%（见表 7-2），1995/96 年的蓄水量为 400000ML，总水量为 6400400ML（总水量的 6%）。三个水位站的年均流量如表 7-2 所示，总计将近 3000000ML。

表 7-2　1996/97 年昆士兰州蓄水量估算

流　域	水　库	流量（ML）	蓄水量（ML）
康达迈恩河	Chinchilla	100000	45000
巴朗河	St George	860000	180000
麦金太尔河	Goondiwindi	660000	50000
合计		1620000	275000（总流量的 17%）

7.5 灌溉

河道蓄水在夏季发挥了极大的作用，圣佐治的 Beardmore 坝 1997 年 1 月最高弃水量达 46%。这种状况由于 2 月和 3 月的洪水而发生变化。最终整个流域的水分配规划大部分 100%满足（除了康达迈恩河的上游），圣佐治的规划完成 75%。

灌溉用水原规划总分配水量为 200000ML，大约 150000ML 被调用。这个数据已经扣减了 22000ML，其中 12000ML 在 1996/97 年被取消了。分配使用量的差额主要是由于边界河在夏天灌溉季预期蓄水周期变长。

7.6 规划外灌溉和城市、工业及畜禽用水

规划外灌溉和城市、工业及畜禽用水量相对于蓄水量和政府储水来说是很小的一部分。规划外灌溉主要取决于从天然河流和天然形成的水域中取水的可行性，以及特殊年份的灌溉需水。1996/97 年的规划外灌溉用水量约为 25000ML，与 1995/96 年接近，但高于 1993/94 年和 1994/95 年等干旱年份。

城市、工业和畜禽用水量仍然相当固定，因为其供水保证率较高，通常也确保供给。1996/97 年城市、工业和畜禽用水的总量估计为 12000ML。

7.7　结论

1996/97 年昆士兰州各流域的用水量远低于多年平均值，尤其是康达迈恩河流域，其用水量只相当于多年平均值的 20%。

昆士兰州建立任何较客观的趋势预测都是比较困难的，这是因为 1993/94 年和 1994/95 年是一个严重干旱时期。昆士兰州这两个主要的流域用水量明显超过均值，1995/96 年用水量有增长趋势。1996/97 年用水量比平均用水量低的地区的入流水量也相应较低，从而降低了 1996/97 年总的蓄水量。

第8章 1996/97 年澳大利亚首都特区 用水总结

澳大利亚首都特区 1996/97 年经历了干旱，水量和降雨量都低于多年平均值，致使 Corin 坝处的水库（澳大利亚首都特区主要的供水水库）水位降低。1996/97 年年初，Corin 坝蓄水量达到其蓄水能力的 95.5%，但 1996/97 年年底却降到了 70%。其他水库水位始终保持固定，包括 Googong 坝、Bendora 坝、Cotter 坝，蓄水量分别达到蓄水能力的 100%、83%、100%。

与蓄水量降低一致的是，耗水量（通过水网）在这个时期相应地提高到了 61.8GL。其中，接近一半的水量又通过污水处理厂回到了马兰比季河（然后到 Burrinjuck 坝）。虽然目前还没有与自供水相关的资料，但是一旦水资源立法通过，就可以收集这些资料了。报告未提供澳大利亚首都特区在取水限额规划下的用水评估。因此，这一阶段不能评估澳大利亚首都特区用水是否符合取水限额规划。

第9章　墨累—达令流域水交易

近年来，墨累—达令流域在水交易方面有很大的进展。水交易是受到政府鼓励的，由此可以使产出经济效益低的灌溉用水转化为产出经济效益高的其他用水。同时，水交易还可以产生环境效益，因为灌溉效益提高之后，管理者就可以为更有效的输水系统投资，从而进一步提高用水退水量，减少下渗量。

起初，墨累—达令流域限制灌溉系统内水交易；不久之后，水交易规则发生变化，允许流域内的水交易；近来，州内的水交易也可以进行了。近年来，澳大利亚政府各部门共同致力于减少水权的差异，为日益增长的州内水权交易做准备。这也是澳大利亚政府委员会进行水市场改革的一部分。

水交易对取水限额的实施是有影响的。水权交易影响了水管理者的分配额，流域内和州内的水权交易影响了个别流域的限额目标。所以，收集水交易的数据并出版《取用水审计监测报告》具有重要的意义。

表9-1详细列出了1996/97年的水交易额。

表9-2单列出了流域间的水交易额。在表9-2中，负值表示转出流域的交易，正值表示转入流域的交易。从表中可以看出，与水交易的总量相比，1996/97年流域间水交易额相对较小，州内的水交易更是微乎其微。流域的取水限额主要依据协议转让水权的量而计算，流域内永久性的水

权转让将会使取水限额产生永久变化，临时的水交易只对交易双方当年的取水限额产生影响。综上可知，水交易将会影响个别流域的取水限额，但并不会增加整个流域的取水限额。

表 9-1 1996/97 年水权交易（列出了转出水权方）

	永久性水权转让量 [1]（ML）	临时性水权转让量（ML）
新南威尔士州		
边界河	14751	3578
圭迪尔河	5832	43150
纳莫伊河	6151	33928
麦夸里河/卡斯尔雷河/博根河	1424	50319
巴朗—达令河	0	0
拉克兰河	1445	20557
马兰比季河	2520	181776
下达令河	86	0
墨累河	5313	50598
新南威尔士州合计	37522	383906
维多利亚州		
基沃河	0	179
奥文斯河	255	666
古尔本河/布洛肯河	2553	24109
坎帕斯皮河	293	11925
洛登河	2567	26775
威默拉河/麦里河	0	0
墨累河	5218	35652
维多利亚州合计	10886	99306
南澳大利亚州		
乡村城镇	0	0
开垦沼泽区	0	0
南澳大利亚州的其他地区	4075	5890
阿德莱德地区	0	0
南澳大利亚州合计	4075	5890

续表

	永久性水权转让量[1]（ML）	临时性水权转让量（ML）
昆士兰州		
边界河	0	7000
麦金太尔河	0	0
康达迈恩河/巴朗河	0	6000
沃里戈河/帕鲁河	0	0
穆尼河	0	0
昆士兰州合计	0	13000
澳大利亚首都特区	0	0
整个流域	52483	502102

注：[1]临时水权转让包括水权和水量交易。

表 9-2　1996/97 年流域内水权交易

	永久性水权转让量[1]（ML）	临时性水权转让量（ML）
新南威尔士州		
边界河	0	0
圭迪尔河	0	0
纳莫伊河	0	0
麦夸里河/卡斯尔雷河/博根河	0	0
巴朗—达令河	0	0
拉克兰河	0	0
马兰比季河	0	−21640
下达令河	0	9720
墨累河	0	11538
新南威尔士州合计	0	−382
维多利亚州		
基沃河	0	0
奥文斯河	−64	−5
古尔本河/布洛肯河	−22	1793
坎帕斯皮河	1190	1463
洛登河	−1161	−3648
威默拉河/麦里河	0	0
墨累河	57	379
维多利亚州合计	0	−18

续表

	永久性水权转让量[1]（ML）	临时性水权转让量（ML）
南澳大利亚州		
乡村城镇	0	0
开垦沼泽区	0	0
南澳大利亚州的其他地区	0	400
阿德莱德地区	0	0
南澳大利亚州合计	0	400
昆士兰州		
边界河	0	0
麦金太尔河	0	0
康达迈恩河/巴朗河	0	0
沃里戈河/帕鲁河	0	0
穆尼河	0	0
昆士兰州合计	0	0
澳大利亚首都特区	0	0
整个流域	0	0

注：[1] 表中负值表示转出流域的交易，正值表示转入流域的交易。

第 10 章 1996/97 年水资源利用量

10.1 水资源利用量

从向部长理事会提交的 1995 年《墨累—达令流域取用水审计报告》中可以发现，过去 5 年内用水户仅仅调用了授权水量的 63%（配置水量并没有严格受限于水资源利用量，甚至有些年份已经超过了水资源承载能力）。因此，需要强调的一个事实就是，国家的水资源配置系统已经演变为刺激流域水资源的开发利用，并且不适合在取水总量管理中强加限额式管理。

若要实施取水总量限额管理，最关键的一步是不断调整使之与国家配置系统相融和。实施限额管理的过程中，可以预见若现在的用水户发现实施取水总量限额管理后他们的利益受损，他们将会考虑研究其他管理系统并且凸显任何不协调一致的方面。为避免诸如此类的比较，并确保取水总量限额管理实施透明化，各流域的用水量已经与 1996/97 年审批的流域水资源利用量进行了比较（见表 10-1）。

流域水资源的配置方式是多样化的，同时，由于供水保障率与管理规范化程度的不同，州、流域与地区之间具有一定的差异性。水资源配置的类型总结如下。

表 10-1 1996/97 年的水量分配表

流　域	流域基本授权水量[1]（GL）	管制流域内本年度的水权利用量[2]（GL）	本年度过度开采利用水量[3]（GL）	调入流域配置水量[4]（GL）	1995/96 年始净结余水权[5]（GL）	流域内总配置水量[6]（GL）
新南威尔士州						
边界河	266	182	0	0	0	182
圭迪尔河	523	396	0	0	0	396
纳莫伊河	295	278	0	0	0	278
麦夸里河/卡斯尔雷河/博根河	657	562	0	0	0	721
巴朗—达令河[7]	—	—	—	—	—	—
拉克兰河	709	704	0	0	5	709
马兰比季河	2380	2380	0	−22	0	2358
下达令河	82	82	0	10	0	92
墨累河	2160	2160	191	12	−1	2362
总计	7072	6744	191	0	163	7098
维多利亚州						
基沃河	15	15	0	0	0	15
奥文斯河	57	57	0	0	0	57
古尔本河/布洛肯河	730	1355	0	2	0	1357
坎帕斯皮河	270	498	0	1	0	500
洛登河	280	537	0	−4	0	533
威默拉河/麦里河	106	134	0	0	0	134
墨累河	1233	2044	0	0	0	2044
总计	2691	4640	0	0	0	4640
南澳大利亚州						
乡村城镇	50	50	0	0	0	50
开垦沼泽区	83	83	0	0	0	83
南澳大利亚州的其他地区	490	490	0	0	0	490

续表

流　域	流域基本授权水量[1]（GL）	管制流域内本年度的水权利用量[2]（GL）	本年度过度开采利用水量[3]（GL）	调入流域配置水量[4]（GL）	1995/96 年始净结余水权[5]（GL）	流域内总配置水量[6]（GL）
阿德莱德地区[8]	288	288	0	0	0	288
总计	911	911	0	0	0	911
昆士兰州						
边界河	87	87	0	0	0	87
麦金太尔河	18	18	0	0	2	20
康达迈恩河/巴朗河	119	100	0	0	21	121
沃里戈河/帕鲁河	3	3	0	0	0	3
穆尼河	0	0.2	0	0	0	0.2
总计	227	208	0	0	23	231
澳大利亚首都特区[9]	30	30	0	0	0	30
流域总计	10931	12533	191	0	186	12910

注：1. 流域内水权总计包括未管制流域内的水权，以水量的形式表述（如在维多利亚州），同时也包括来自表 9-2 中的永久性水权交易；2. 基本水权叠加的总计，如果哪个地区需要，则可以在年度内获得的授权水量是最大比份；3. 基本水权乘以过度开采水量的百分比；4. 来自表 9-2 中的净流域内水权暂时性转让；5. 净结余水权减去上一年的过度开采水量（见表 10-2）；6. 配置水量＝管制流域内本年度的可利用的水权＋超额取水量＋流域内的水权交易量＋上年度的净结余水权；7. 巴朗河流域的配置水量是基于特大事件的；8. 1996/97 阿德莱德地区的配置水量是基于前 4 年的水资源利用量而不是 5 年的总用水量（650GL）；9. 澳大利亚首都特区没有正式的水权，可以从表中看到净取水量。

10.1.1　限量分配

■■■■■

　　管制区域和非管制区域的用水户都拥有水权。水权具体规定了每年可调用的最基本水量，且有三个主要的种类。

（1）高保证率下的水权，每年可用。

（2）未管制流域内的水权，在具有河道径流量时方可使用。

（3）正常保证率下的水权，依据年末制定的分配报告使用。

水权的规定包括维多利亚州的水权和交易，是流域内水权中最大的类别。对于这些权利，限量分配的水量是由最基本的权利与年末制定的分配相乘得到的。

表 10-1 中第 1 列表述了每个流域的最基本水权，而第 2 列是流域内水资源配置的总量。

10.1.2　透支水量

一些流域在年中会发出公告允许灌溉用水户动用第二年的分配额度。这样会增加本年度的取用水量，但是如果没有储水抵消的话就会减少下一年度的水资源取用量。基本的水权乘以超额用水百分比得到的数值如表 10-1 中的第 3 列所示。

10.1.3　跨流域调水配置

暂时性的流域内调水会增加调入流域内的配置水量，当然也就减少了调出流域的可分配水量。每个流域的净调水量如表 10-1 中的第 4 列所示。

10.1.4　结余和透支水量
■■■■

一些流域的灌溉用水户有权将先前年度结余的水量分配额度转移到下个年度继续使用。该管理体系促使个体灌溉用水户适度调整用水效率以应对可能发生的缺水状况（也就是灌溉用水户利用结余的水权以保证下一年度有更高的用水保证率）。最终，该管理体系将会允许个体灌溉用水户自行选择供水保证率，这样会刺激类型多样的作物种植。由于上一年度未充分开发利用而结余的水资源量将不会被抵消，而是作为储水，因而会增加本年度的分配水量。表 10-2 展示了上一年度的结余水量与超额用水量之间的平衡关系（与公告相比）。从 1995/96 年开始，水资源净结余量减去透支量的剩余水量可用于抵消，计算结果如表 10-1 中的第 5 列所示。

表 10-2　1996/97 年水权的结余与透支

流　域	1995/96 年以来的过度开采水量（GL）	1995/96 年以来的结余水权（GL）	1996/97 年抵消的过度开采水量（GL）	1996/97 年抵消的结余水权[1]（GL）	1995/96 年以来的净结余水权[2]（GL）	1997/98 年以来的过度开采水量（GL）	截至 1997/98 年的结余水权（GL）
新南威尔士州							
边界河	0	0	0	0	0	0	49
圭迪尔河	0	0	0	0	0	0	0
纳莫伊河	0	0	0	0	0	0	0
麦夸里河/卡斯尔雷河/博根河	0	159	0	0	159	0	381
巴朗—达令河	0	0	0	0	0	0	0
拉克兰河	0	5	0	0	5	0	132
马兰比季河	0	0	0	0	0	0	0
下达令河	0	0	0	0	0	0	0
墨累河	1	0	0	0	−1	0.1	0
总计	1	164	0	0	163	0.1	562

续表

流　域	1995/96年以来的过度开采水量（GL）	1995/96年以来的结余水权（GL）	1996/97年抵消的过度开采水量（GL）	1996/97年抵消的结余水权[1]（GL）	1995/96年以来的净结余水权[2]（GL）	1997/98年以来的过度开采水量（GL）	截至1997/98年的结余水权（GL）
维多利亚州							
基沃河	0	0	0	0	0	0	0
奥文斯河	0	0	0	0	0	0	0
古尔本河/布洛肯河	0	0	0	0	0	0	0
坎帕斯皮河	0	0	0	0	0	0	0
洛登河	0	0	0	0	0	0	0
威默拉河/麦里河	0	0	0	0	0	0	0
墨累河	0	0	0	0	0	0	0
总计	0	0	0	0	0	0	0
南澳大利亚州							
乡村城镇	0	0	0	0	0	0	0
开垦沼泽区	0	0	0	0	0	0	0
南澳大利亚州的其他地区	0	0	0	0	0	0	0
阿德莱德地区	0	0	0	0	0	0	0
总计	0	0	0	0	0	0	0
昆士兰州							
边界河	0	0	0	0	0	0	30
麦金太尔河	0	2	0	0	2	0	0
康达迈恩河/巴朗河	0	33	0	12	21	0	23
沃里戈河/帕鲁河	0	0	0	0	0	0	0
穆尼河	0	0	0	0	0	0	0
总计	0	35	0	12	23	0	53
澳大利亚首都特区	0	0	0	0	0	0	0
流域总计	1	199	0	12	186	0.1	615

注：1. 特定的条件下（如蓄水量丰富），上一年度的结余与透支都可以被抵消。2. 净结余水权定义为：{（结余-抵消掉的结余）-（透支-抵消掉的透支）}。

10.1.5　配置时段外用水和集水的取用

对于管制地区，灌溉用水户可以在储水丰富或不需要配置的时段在未管制河道流量的条件下取用水。此段时期内的调水不能计算在灌溉用水户的年分配水量额度内。历史上对超过调水规模的情况尚无任何控制措施，而只是利用事件的持续时间和授权水量上限进行约束。近年来，流域管理委员会在一些系统中提出了定额管理，且年度限额也已经强制实施。

集水许可证在昆士兰州已经颁发使用。持有集水许可证的灌溉用水户受限于自身的最大取水量和可抽取的水量，而不是取决于他们可调用的水资源量或种植面积。

在一些流域，取水量中相当大的比例通过不需要配置时段和集水的规则授权批准。假定在径流量满足的条件下灌溉用水户可以按照授权水量上限引水，则水资源的最大利用量理论上可以确定，而且每年可基于此值取水。实际上按照授权水量上限取水的情况从未发生过，因为取水能力取决于流域外的储存水量和相关灌溉区域的面积。当计算的授权水量过低时，只有将不需要配置时段内的可利用水量和集水量加到分配水量中才能满足需求，具体如表 10-3 所示。授权水量的改进计算方法及提高准确率的方案将在今后的报告中列入审查选项。

10.1.6　未管制流域内的区域许可
▧▧▧▧

　　未管制流域内的一些权利只规定该地区可以灌溉但并没有规定具体的引水量。虽然通过许可地区的面积与单位面积用水量相乘可以初步估算许可地区的水资源利用量，但在表 10-3 中没有如此计算，只是将地区许可的取用水量叠加到分配水量中，这种计算方法会低估通过授权水量确定的可取水量。新南威尔士州正在以水权逐步取代区域许可，只有这样才能避免此类问题的发生。

10.1.7　灌溉系统漏损
▧▧▧▧

　　在一些灌溉输送系统中，水权明确表明用水户有权利引水到农场。水管理当局规定，在输送过程中引起的水量漏损（发生在河流输水点输送到农场的过程中）不应该计算在水量分配额度中，因而需要额外增加分配水量来确定最终授权引水量。输送引起的损失水量如表 10-3 第 4 列所示。对于其他的灌溉输送系统（如新南威尔士州墨累流域的私有化地区），输送引起的水量漏损可享有补贴，该规定已经写入水权。

10.2　取水量与授权水量中用水量的比较

　　表 10-3 的最后一列展示了 1996/97 年授权水量在完全利用的情况下可以取用的水资源总量（不需要配置，集水和区域许可的满足条件详见 10.1.5 节和 10.1.6 节）。表 10-4 将每个流域的用水量与授权水量相比，负责取水的水资源当局提出了水资源利用率的概念。

计算维多利亚州各流域的用水量时，每条河流的调水量必须根据从其他流域调用的水量进行调整（其他流域的调水量见表10-4中第2列）。这里所涉及的调用水资源在物理成因上是通过瓦兰加流域西部河道从古尔本河流域调水到坎帕斯皮河流域和洛登河流域的。

预计取水量占授权水量的百分比每年都会上下浮动，这主要取决于气候水文条件和水资源利用量的变化情况。很典型的是，干旱年份分配水量的利用率比较高，而丰水年则恰恰相反，这个特点在流域南部表现最为明显。同时，也可以预计到如果分配系统收紧，将会阻碍取水限额的增长，则水量分配将会减少，而水资源利用率将会增加。在这种情况下，1996/97年流域水量分配中76%的水资源利用率高出了向部长理事会提交的1995年《墨累—达令河流域取用水审计报告》中的水资源平均利用率63%（1993/94年至今5年的水资源平均利用率）。

表10-3　1996/97年授权水量中的可利用水量

流　域	流域的总配置水量[1]（GL）	配置外集水利用量[2]（GL）	配置外未管制区域利用量[3]（GL）	配置外系统渗漏损失水量[4]（GL）	流域的授权水量[5]（GL）
新南威尔士州					
边界河	182	65	23	0	270
圭迪尔河	396	79	10	0	485
纳莫伊河	278	58	46	0	382
麦夸里河/卡斯尔雷河/博根河	721	23	25	0	769
巴朗—达令河[5]	—	—	209	0	209
拉克兰河	709	30	23	0	762
马兰比季河	2358	412	12	380	3162
下达令河	92	132	0	0	224
墨累河	2362	616	6	0	2984
总计	7098	1415	354	380	9247

续表

流　域	流域的总配置水量[1]（GL）	配置外集水利用量[2]（GL）	配置外未管制区域利用量[3]（GL）	配置外系统渗漏损失水量[4]（GL）	流域的授权水量[5]（GL）
维多利亚州					
基沃河	15	0	0	0	15
奥文斯河	57	0	0	0	57
古尔本河/布洛肯河	1357	108	0	177	1642
坎帕斯皮河	500	4	0	19	523
洛登河	533	0	0	75	608
威默拉河/麦里河	134	0	0	84	218
墨累河	2044	150	0	278	2472
总计	4640	262	0	633	5535
南澳大利亚州					
乡村城镇	50	0	0	0	50
开垦沼泽区	83	0	0	0	83
南澳大利亚州的其他地区	490	0	0	0	490
阿德莱德地区[6]	288	0	0	0	288
总计	911	0	0	0	911
昆士兰州					
边界河	87	50	6	0	143
麦金太尔河	20	0	1	0	21
康达迈恩河/巴朗河	121	226	18	11	376
沃里戈河/帕鲁河	3	0	0	0	3
穆尼河	0.2	7	0.3	0	7.5
总计	231	283	25	11	550
澳大利亚首都特区	30	0	0	0	30
流域总计	12910	1960	379	1024	16273

注：1. 来自表 10-1 中的配置水量。2. 不需要配置的用水量与在可利用水量范围内的用水量间的差异在本次计算中没有凸显出来。3. 维多利亚州作为未管制流域的水权包含在基本水权内。4. "不属于配置范围内的系统渗漏损失"是灌溉系统中的损失，该权利在农场中有所指定，但输送系统中的损失没有特定的条例。5. 巴朗河流域的水量配置是基于特大事件的。6. 1996/97 年阿德莱德地区的水资源配置是基于前 4 年的水资源利用量减去 5 年的总利用量 650GL 得到的。

表 10-4　1996/97 年流域分配水量的利用率

流　域	流域取水量（GL）	从其他流域的调水量（GL）	流域的总用水量（GL）	流域的授权水量（GL）	流域内用水量占授权水量的百分比
新南威尔士州					
边界河 [1]	195	0	195	270	72%
圭迪尔河	415	0	415	485	86%
纳莫伊河	342	0	342	382	90%
麦夸里河/卡斯尔雷河/博根河	374	0	374	769	49%
巴朗—达令河 [1]	209	0	209	209	100%
拉克兰河	459	0	459	762	60%
马兰比季河	2675	0	2675	3162	85%
下达令河 [1]	224	0	224	224	100%
墨累河	2223	0	2223	2984	74%
总计	7115	0	7115	9247	77%
维多利亚州					
基沃河	12	0	12	15	80%
奥文斯河	26	0	26	57	46%
古尔本河/布洛肯河	1871	-660	1211	1642	74%
坎帕斯皮河	124	292	416	523	80%
洛登河	172	331	503	608	83%
威默拉河/麦里河	157	5	162	218	74%
墨累河	1744	32	1776	2472	72%
总计	4106	0	4106	5535	74%
南澳大利亚州					
乡村城镇	35	0	35	50	70%
开垦沼泽区	83	0	83	83	100%
南澳大利亚州的其他地区	396	0	396	490	81%
阿德莱德地区 [2]	66	0	66	288	23%
总计	580	0	580	911	64%
昆士兰州					
边界河 [1]	102	0	102	143	71%
麦金太尔河	9	0	9	21	43%

流　　域	流域取水量 （GL）	从其他流域 的调水量 （GL）	流域的总 用水量 （GL）	流域的授 权水量 （GL）	流域内用水量 占授权水量的 百分比
康达迈恩河/巴朗河[3]	347	0	347	376	92%
沃里戈河/帕鲁河	2	0	2	3	67%
穆尼河[5]	7	0	7	7.5	93%
总计	467	0	467	550	85%
澳大利亚首都特区	30	0	30	30	100%
流域总计	12298	0	12298	16273	76%

注：1. 流域内的授权水量不是以统计形式描述的水量，可以应用到集水进行利用，未管制流域不需要配置和地区许可证。2. 1996/97 年阿德莱德地区的水资源配置是基于前 4 年的水资源利用量减去 5 年的总利用量 650GL 得到的。

第 11 章 实际径流量与天然径流量的比较

部长理事会决定实施取水总量限额管理的关键性因素是许多流域的河流径流机制已经发生了重大变化。这也可以表述为流域自身的径流季节性变化（主要水坝以下会发生）或总流量的锐减（出现在许多河流的下游）。作为取水总量限额监测的一部分，各州已经同意上报发生改变的每条河流的天然径流流动机制。

天然径流可以通过计算模型模拟预测。许多河流模型还不是很完整或还没有修正，导致还不能通过现有的数据准确计算 1996/97 年的天然径流量。表 11-1 所示为选定主要站点的天然径流量和实际径流量的对比，而径流量受到的影响如图 11-1 所示。因此，表 11-1 提供的是可利用的数据，同时表明这些数据最终将在诸如此类的报告中引用。

结果表明，一些河流径流机制（如基沃河和奥文斯河）变化不大，而其他流域的径流（如古尔本河）则明显减少。新南威尔士州圭迪尔河流域中，河道发生了巨大的改变，以致于以前滞留在湿地的水量现在流向巴朗河。

表 11-1 1996/97 年主要观测站点的实际径流量与天然径流量的比较

流 域	实际径流量[1]（GL）	天然径流量[1]（GL）	实际径流量/天然径流量
雪河调水			
至马兰比季河	353	0	—
至墨累河	349	0	—

续表

流 域	实际径流量[1]（GL）	天然径流量[1]（GL）	实际径流量/天然径流量
新南威尔士州支流			
蒙津蒂的巴朗河和布米河	—	—	—
圭迪尔湿地的入流量	—	252	—
圭迪尔地区出流到巴朗河的水量	198	103	192%
纳莫伊地区出流到巴朗河的水量	—	—	—
麦加利沼泽区的入流量	—	682	—
麦夸里河/卡斯尔雷河/博根河的出流量	123	178	69%
达令河流入麦宁迪湖泊的水量	2102	—	—
奥克斯利的拉克兰河	—	318	—
布利格尔的拉克兰河	207	423	49%
巴尔拉纳德的马兰比季河	1077	—	—
柏坦尼的下达令河	1333	—	—
维多利亚州支流			
班迪亚纳的基沃河	891	903	99%
旺加拉塔的奥文斯河	2696	2700	100%
麦考伊桥的古尔本河	2814	4990	56%
罗契斯特的坎帕斯皮河	392	450	87%
亚平南的洛登河	214	329	65%
昆士兰州支流			
新南威尔士州边界的康达迈恩河/巴朗河/卡尔戈阿河	—	—	—
坎纳马拉的沃里戈河	—	—	—
凯沃罗的帕鲁河	—	—	—
芬顿的穆尼河	—	—	—
墨累河			
奥伯里	7129	—	—
亚拉沃加	8413	—	—
尤斯顿	10172	—	—
南澳大利亚边界	10335	—	—
堰坝	8907	—	—

注：— 表示不能使用的数据。

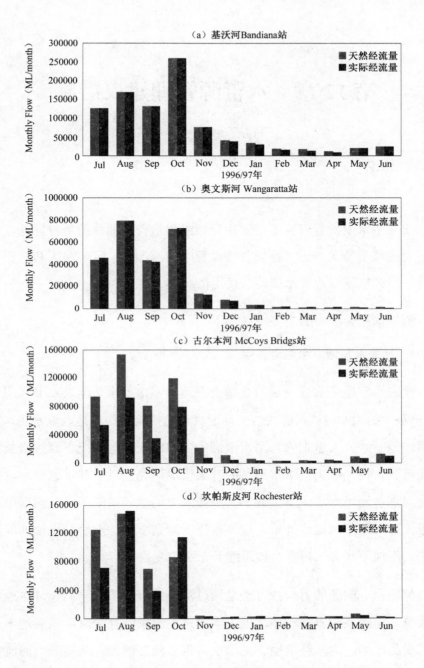

图 11-1　维多利亚州主要站点的实际径流量与天然径流量（模型计算）对比

第 12 章 水资源管理建议措施

12.1 总论

实施用水限额管理并不能解决流域当前水资源面临的所有问题，它仅是对流域实施水资源可持续管理过程中的一部分。目前澳大利亚正在推行一系列措施以改变水资源的使用情况。

流域水系管理中的主要措施如下。

1. 地表水与地下水联合调用

地表水和地下水联合调用是指合理地加强地下水与地表水混合用水（如灌溉）的用水模式。解决这一问题具体的措施是限制地表取水量，但要增加地下水开采量来弥补用水限额的需求。在一些情况下这种措施并不能起到作用，因为地下水系统的开采情况已经超过了其承载能力，尤其会对那些地下水取水量远大于其更新能力的地区带来很严重的后果。由于人们对地下水过度开采，地下水位下降到一定程度后将无法抽取地下水，而地下水含水层也会被压缩且无法恢复。

解决这一问题的另一种办法是通过河流补给地下水。由于许多地下水系统与河流系统直接相连，地下水通过河流系统补给时，随着地下水开采量的增加，河流补给地下水的水量也会随之增加，从而导致河流径流量减少。

上述措施限制了地表取水量而未控制地下水开采量，这对于河流系统来说没有任何好处。

2．使用剩余水权与调整季节取水量

使用剩余水权与调整季节取水量这一措施仅能在人工改造过的河道实施。使用剩余水权是指给予用水者在下一年需要增加取水量的权利，特别是在下一年分配水量需求相对增长较慢时，使用剩余水权来调节主要作物夏季生长期的需水情况显得极为重要。如果不使用剩余水权就要动用冬季的额定取水量，而冬季取水量减少时作物产量会比正常情况下小得多。实施剩余水权政策的好处是它可以保证前一年未被充分利用的水量不会被浪费。

实施剩余水权意味着灌溉者可以将这部分水量带到下一年进行使用，并将其应用到夏季主要作物的生长过程以实现单位面积作物效益的最大化。剩余水权使用存在的风险是灌溉者可能将前一年储存的水量遗失，虽然会发生这种情况，但用水者可以分配给灌溉者更多的水量。剩余水权措施在麦夸里河流域已经被人们所接受。实施这一措施的结果是用水总量虽然减少了但主要夏季作物的用水量却有所增加。

3．洪泛区水量收集

洪泛区水量收集是澳大利亚北部地区采取的一项措施，洪泛区雨水收集主要是指对溪流及河道以外的地表水进行收集。在一些地区这些水量来源于河流的水量，这是由于河流水量溢出河岸造成的；而这些水量的另外一个来源是还未来得及汇入河道的降水。

经过细致设计，集水系统可以在降水汇入河道前收集到大量的降水量，从而减少河道水量。不同的州对于水量收集有不同的政策，主要体现在所收集水量的来源不同。

下面几个小节主要介绍各州实施流域水资源可持续管理的建议。

12.2 新南威尔士州

12.2.1 人工改造的河流及巴朗—达令河未来定额管理

新南威尔士州实施的两项主要法律措施在未来的 3～5 年终将对水资源使用产生较大影响。这两项法律分别是《实用限额管理措施》和《环境径流法》，而这些措施对于新南威尔士州不同地区的影响也有所不同。这些措施对人工改造过的河流和巴朗—达令河的取水量影响分析如下。

1995 年水土保持部门制定的《实用限额管理措施》对于全州人民遵循限额管理规定是非常必要的。《实用限额管理措施》包括在特定年份通过调节水量的分配情况来限制某一地区过度取水。水土保持部也正在通过推行剩余水权的措施来减少水量浪费的情况。由于缺少水交易的法律措施，用水浪费是造成过去水资源过度使用的主要原因之一。目前，新南威尔士州任何一个流域如果出现取水量增长的情况，水土保持部都将重新评估该地区执行限额管理的效用情况。

作为新南威尔士州改革的措施之一，政府成立了 11 个临时的河流径流管理站对州内天然河道进行管理，他们负责主要的咨询工作。河流管理机构与政府已经达成在州内大部分流域制定一系列指示性流域管理法的协议，这些法律将在 1998/99 年实行。河流管理委员会在短期内作为水资源管理部门之一，将评估这些法律措施对流域环境及社会经济效益的影响，并提出合理的改进措施。根据《环境径流法》实施五年来的经验，政府计划在新南威尔士州境内各流域建立长期的径流观测站，并反映在河流管理计划中，能否实现取水限额目标将作为评估这些法律措施的标准。

《环境径流法》将作为新南威尔士州一项长期的法律措施来执行。《环境径流法》规定多年平均河道取水量应小于 1993/94 年的标准。这也就意味着，虽然《环境径流法》保证了大多数年份的取水量小于 1993/94 年的取水量，但个别年份的取水量还是可能稍微超过这一取水限额。

《环境径流法》将长系列的平均取水量控制在 1993/94 年的水平以下，是假设未来的发展情况不发生变化的前提下的控制水量。水土保持部有必要监督未来的发展方向以确保在未来情况发生改变时《环境径流法》仍然有效。

12.2.2　新南威尔士州天然河道未来限额管理措施

1. 根据河道水资源条件对天然河道进行管理

1998 年 5 月，新南威尔士州根据各河流水资源本底条件对墨累—达令河流域所有天然河道进行了分类。这样分类的目的是建立一致且透明的取用水管理制度，根据每个流域不同的情况对流域取水制定不同的优先级并实施不同的政策。对流域进行分类是新南威尔士州对天然河道管理改革的第一步。

新南威尔士州的主要流域均已经建立了天然河道管理委员会，它们负责未来天然河道系统的管理。

2．改变取水许可制度

改变非常规河流取水许可制度是限额管理的另外一个措施，新南威尔士州推行这一措施的目的是建立一个定量的管理系统对取水实行严格控制并保证取水的公平性和有效性，同时满足墨累—达令河流域的限额管理制度及州政府制定的环境取水制度。

在新的取水许可制度推行以后，墨累—达令河子流域可灌溉面积的评估以 1993/94 年的取水数据为基准，而对于那些丢失了 1993/94 年取水数据的流域，可灌溉面积则以 1993/94 年后有数据的那一年为基准进行估算。

12.3　维多利亚州

12.3.1　1997/98 年用水限额管理措施

从 1996/97 年季节灌溉用水情况来看，其极高的用水增长情况让人们感觉到用水量很可能仍然会增加。针对现存问题，1997/98 年限额管理将加入《水交易法》及《额定外用水管理法》，具体内容如下文所述。这两部法律均通过考虑取水位置的天然径流分配过程限制其取水量。

1．《水交易法》

1997/98 年将制定《水交易法》，通过限制短期的水交易活动以限制自流灌溉地区将剩余水量进行交易的行为。自流灌溉地区将不再拥有30%以上的交易水权，如果 30%以上的水权已经临时被交易出，则这部分水权将永久生效。

实施这一法律的目的是防止用水者进行水权交易活动导致用水量增加，这一法律通过限制人为分配水量的行为对用水实行严格的限额管理。

2.《额定外用水管理法》

从 1997/98 年开始，在包括 Torrumbarry 河及米塔米塔河在内的墨累流域只有从休姆大坝到亚拉沃加流域且汇入墨累河的剩余水量可以被利用。换言之，最大的额外用水量控制在取水权的 30% 以下。实施这一政策的目的是保证用水者的饮水安全并控制额外用水量的增长。

12.3.2　1997/98 水文年季节性用水展望

在 1997/98 年，对于某一特定季节的水量分配过程要将季节开始前的水量情况考虑进去，如果在 1996/97 年该季节结束时存储的水量少，那么到 1997/98 年该季节初期分配后的总水量也将较少，如果分配后的总水量不能满足该季节的最大需求，这样会间接反映出 1996/97 年过度用水，从而就可以减少 1997/98 年的分配水量以纠正过度用水现象的发生。另外，休姆大坝的泄水也是导致 1997/98 年用水限额减少的原因。

12.3.3　长期的用水限额措施

在短期内，每一年的用水量都将被审查并且能够做到根据用水需求调整管理措施。与此同时，维多利亚州水权管理中心根据当前的水权制定过程和水资源管理过程，正在尝试建立一套完整的长期限额管理措施。

12.4 南澳大利亚州

由于南澳大利亚州在 1996/97 年的取水量小于其取水限额，南澳大利亚州政府认为没有必要也没有计划改变其水资源管理措施。

12.5 昆士兰州

12.5.1 管理计划

昆士兰州最新的水资源管理计划将纳入康达迈恩河/巴朗河和边界河的管理之中，新增加的措施大部分都与这两个流域有关。

《水资源配置与管理计划》是针对康达迈恩/巴朗河流域的管理计划，《径流管理计划》是针对边界河流域制定的。

《水资源管理计划》是针对昆士兰州除康达迈恩河/巴朗河以外的边界众河流制定的，包括沃里戈、帕鲁和穆尼三个地区。《水资源管理计划》主要通过限制这些地区的取水量以保证地区生态系统平衡。这一计划并不像《水资源配置与管理计划》要求对水文过程进行模拟那样复杂。

以上计划旨在达到以下几个目的：
- 实现环境用水与人工取水平衡；
- 提高用水者对取水管理计划的信心；
- 增加涉水部门的数量；

- 为人们提供健康的河流系统；
- 制定水权交易的原则。

针对康达迈恩河/巴朗河流域制定的《水资源配置与管理计划》与针对边界众河流制定的《径流管理计划》预计于 1999 年完成。在实施过程中将考虑以下几个方面的内容。

- 将"河道最小流量"要求作为河道的管理目标。
- 禁止灌溉用水的水权转让情况发生。
- 对集水量进行效益估算。
- 通过制定许可制度限制取水泵的尺寸及取水频率。
- 通过流域管理办法识别取水后流域气候和河流健康的状况。
- 增加天然径流测量站点为水资源管理提供决策，与之相对应的是河流管理系统实行多目标决策。大规模监测网站的建立也将使年度审计报告提供的数据更加准确和细致。
- 《水权永久转让法》及水权分配相关法规将被引入水资源管理制度中。自然和人类两大生态系统的径流模型在进行流量模拟时要考虑永久性的水权转让制度。径流模型将更多考虑不同用水者之间的用水平衡关系及水量运移过程中的环境问题。
- 使用更加复杂的取水计量装置，以提高取水数据的精度。目前有 30% 的取水量没有准确纪录。

12.5.2　用水效率

NHT 及棉花发展研究中心正在共同开展提高用水效率的活动。这些活动旨在通过提高人们对过度用水这一现象的重视来提高农业用水效率。其中一项活动是通过推广用水计量器具以实现水资源的有效利用，同时确保实现工农业用水的公开化和可计量化,并随时反映当前系统的取水状况。另外,提高用水效率的倡议也很有可能通过这次活动得到实现。

12.5.3　洪泛区管理

在洪泛区内的涉水机构与团体越来越多。通过咨询当地利益相关者,应该对洪泛区的各管理团体制定合作战略,尤其在康达迈恩河流域上游和边界河流域下游。由于整个河流系统都在实施限额管理措施,对洪泛区的取水管理应该纳入管理措施中。

12.6　澳大利亚首都特区

目前,《水质保护法》是澳大利亚首都特区水资源管理的唯一法规,澳大利亚首都特区还没有其他有效的取水控制法规。

澳大利亚首都特区政府已经允许相关主管部门编制一个关于水资源分配与取水(包括地表水与地下水)许可的法规,该项法规将于 1998 年年底通过。该项法规规定任何地表与地下取水活动都需要首都特区水电部的许可(居民生活用水除外)。在这项取水法规中环境取水同样被纳入其中,并详细编写了环境取水原则作为该法规的重要组成部分。

澳大利亚首都特区准备近期在墨累—达令河流域实行其水资源管理办法。

澳大利亚首都特区包括马兰比季河(新南威尔士州管理)流域的大部分,而这部分地区的限额管理措施还需要与新南威尔士州进行协商制定。

第 13 章　总结

对墨累—达令流域内进行限额管理与监测是一项比预期更复杂、更庞大的任务，这份审计报告中的数据还不够全面，还有待提高。

应当注意的是，本报告缺少维多利亚州与昆士兰州部分河流年取水限额的估算。新南威尔士州虽然对取水限额进行了估算，但只得出了初步的数据。取水限额是通过气象关系计算得出的，而并非根据长系列资料利用模型模拟计算得到的。南澳大利亚州给出了其限额取水量数据，该地区的用水量完全符合限额管理措施的要求。

推行水资源限额管理措施并确保各用水部门执行该项措施是很有必要的，1996/97 年的取用水量达到了历史上的最高纪录。取水量的增长是由于季节气候变化造成的，还是由于人为取水量的增加引起的，这还要等模型开发完成才能够得到准确的解释。

下篇

墨累—达令流域取用水审计监测报告

（2002—2003）

墨累—达令流域委员会

2004-06

第 1 章　引言

在 1995 年 6 月审查了墨累—达令流域水资源利用情况之后，墨累—达令流域部长理事会决定进行流域用水总量控制。为了做到取水限额实施的公开化和透明化，部长理事会一致同意每年组织撰写用水审计报告。

按照墨累—达令流域协议 F 计划的要求，本报告总结了墨累—达令流域 2002/2003 水文年的水资源利用情况。

总体来说，麦夸里河及其南部河流的水文年从 7 月到次年 6 月，麦夸里以北的河流的水文年从 10 月到次年 9 月。

本报告概述了各州不同地区的用水情况（见 3.1 节），并对数据的精度进行了分析（见 3.2 节），此外还分析了本水文年的气候情况、各地区的取水限额及其满足程度。

报告不仅详述了取水情况，还对流域内影响用水的主要活动进行了介绍。各州都总结了 2000/01 水文年影响用水的活动（见第 4～8 章）。此外，各州对来年将采取的一些措施进行了展望。

报告还包括流域的水交易（见第 9 章）、流域水的供应情况（见第 10 章）、一些主要站点河流实际径流量和天然径流量的比较（见第 11 章）、运行中的大型水库（库容大于 $10GL=10^{10}L$）蓄水及损失情况（见第 12 章）、流域地下水开采情况（见第 13 章）。

根据墨累—达令流域协议 F 计划规定要求，2002/03 水文年各地区的取水情况如附录 A～F 所示，Barmah Millewa 森林用水统计如附录 G

所示。

　　为了能快速评估这篇报告的调查结果，本书对流域各个州的取水量及取水限额的情况进行了总结（见表 1-1）。

表 1-1　2002/03 年各州取水量及取水限额的情况

州	流 域	2002/03 年取水量及取水限额
新南威尔士州	边界河	由委员会批准采用一个尚未审计的 IQQM 模型（暂行），用于确定其取水总量。由于独立审计组没有审计，新南威尔士州的边界河取水限额没有制定。2003 年 12 月 16 日，委员会 77 届会议要求落实新南威尔士州和昆士兰州的水资源分配和边界河环境流量后，新南威尔士州协调平达里大坝调度后，给独立审计委员会提交边界河 2004 年的取水限额。2002/03 年边界河地区的取水限额定为 137GL
	圭迪尔河	由委员会批准采用一个尚未审计的模型 IQQM（暂行），用于确定其取水总量。2002/03 年圭迪尔河地区取水量为 238GL，低于其取水目标 435GL，由此产生了 29GL 的累积用量，但没有超过 F 计划的特别审计规定。而独立审计委员会也考虑了模型的可靠性因素，不能单纯按照取水超过规定值而进行特别审计
	纳莫伊河	由委员会批准采用一个尚未审计的 IQQM 模型（暂行），用于确定其取水限额。考虑到 Peel 地区气候变化，用于确定其取水限额的 IQQM 模型仍在开发中，纳莫伊河及 Peel 地区的取水量超过了 2002/03 年的取水量，为 294GL，超过了其年取水限额 256GL。但从 1997/98 以来纳莫伊河地区取水的累积取水超量为 42GL，低于进行特别取水限额审计的警戒线 64GL
	麦夸里河/卡斯尔雷河/博根河	由委员会批准采用一个尚未审计的 IQQM 模型（暂行），用于确定其取水限额。2002/03 年取水量为 411GL。由于 2002/03 年该地区的取水限额没有确定，独立审计委员会无法进行比较
	巴朗河/下达令河	2000 年 8 月 25 日，第 29 次理事会会议决定将巴朗河和下达令河地区合并为一个单一的流域进行取水量限额核算。巴朗地区取水量限额采用临时的 IQQM 模型，达令河地区取水量限额采用临时的 MSM 模型，两者都尚待委员会批准。2002/03 年巴朗河和下达令河地区的取水量为 125GL，超过取水限额 120GL。实际上，1997/98 年以来该地区取水的累积取水超量仅为 14GL

州	流　域	2002/03 年取水量及取水限额
新南威尔士州	拉克兰河	由委员会批准采用委员会推荐的 IQQM 模型，用于确定其取水总量。2003 年 3 月 4 日，委员会 71 次会议宣布拉克兰河地区的取水量违反了其取水限额。2002/03 年拉克兰河地区的取水量为 80GL，进行特别取水审计的警戒线为 67GL。2004 年 2 月独立审计委员会的特别审计报告也确认了其用水超量。2004 年 3 月 2 日，委员会 78 次会议继续宣布拉克兰河地区的取水量超过其取水限额量。随后，2004 年 3 月 26 日，在第 35 次理事会会议上，新南威尔士州政府拟议措施将拉克兰河地区的取水量控制在取水限额范围之内
	马兰比季河	由委员会批准采用一个尚未审计的 IQQM 模型（暂行），用于确定其取水限额。2002/03 年取水量为 1793GL，低于 2055GL 的取水限额目标。本地区具有非常充足的累积取水额度
	墨累河	由委员会批准采用一个尚未审计的 IQQM 模型（暂行），用于确定其取水限额。2000/01 年取水量为 879GL，虽然超过了 483GL 的取水限额，本地区还有 120GL 的累积取水额度
维多利亚州	古尔本河/布洛肯河/洛登河	一个比较知名的计算模型为古尔本模拟模型（GSM），用于确定取水限额，但其尚待审计。2000/01 年取水量为 1076GL，超过其 1033GL 的取水限额，但 1997/98 年以来该地区取水的累积取水超量为 3GL，低于进行特别取水限额审计的警戒线 412GL
	坎帕斯皮河	由委员会批准采用一个尚待审计的 GSM 模型（暂行），用于确定其取水限额。2000/01 年取水量为 74GL，低于 85GL 的取水限额目标，本地区还有 32GL 的累积取水额度
	威默拉—麦里河	采用一个未校准模型进行计算，虽然 2000/01 年没有制定取水限额目标，但其 63GL 的取水量远小于多年取水限额 162GL
	墨累河/基沃河/奥文斯河	由委员会批准采用一个尚待审计的 GSM 模型（暂行），用于确定其取水限额。2000/01 年取水量为 1744GL，未超过 2063GL 的取水限额目标，本地区还有 499GL 的累积取水额度
南澳大利亚州	阿德莱德相关地区	本地区的取水量低于 5 年（包括 2002/03 年）滚动的取水限额值。2001/02 年临时性交易水量 12GL，2002/03 年临时性交易水量 11GL，将取水限额滚动上升到 673GL

续表

州	流 域	2002/03 年取水量及取水限额
南澳大利亚州	墨累河下游沼泽区	2002/03 年取水量为 99GL，等于其取水限额值。取水量没有测量，而是采用其用水量值
	乡村城镇	2002/03 年取水量为 39.2GL，稍高于 39GL 的取水限额目标，本地区还有 56GL 的累积取水额度
	墨累河取水的其他用途	2002/03 年取水量为 434GL，低于 449GL 的取水限额目标
昆士兰州	康达迈恩河/巴朗河	昆士兰州地区尚未对该流域进行取水总量限额控制，其取水限额模型也未开发。2002/03 年康达迈恩河/巴朗河地区的取水量为 123GL
	边界河/麦金太尔河	昆士兰州地区尚未对该流域进行取水总量限额控制，其取水限额模型也未开发。2002/03 年该地区的取水量为 78GL
	穆尼河	昆士兰州地区尚未对该流域进行取水总量限额控制，其取水限额模型也未开发。2002/03 年该地区的取水量为 6GL
	沃里戈河/帕鲁河	昆士兰州地区尚未对该流域进行取水总量限额控制，其取水限额模型也未开发。2002/03 年该地区的取水量为 7GL
澳大利亚首都特区		澳大利亚首都特区未用模型计算取水总量限额，而是采用协商方法计算其取水总量限额，并建立了与新南威尔士州的贸易框架。2002/03 年澳大利亚首都特区取水量为 40GL

第 2 章　背景

2.1　1995 年 6 月墨累—达令流域取水审计

1995 年 6 月，流域委员会完成了对墨累—达令流域的取水审计（《墨累—达令流域取用水审计监测报告》，墨累—达令流域部长理事会，堪培拉，1995）。审计结果表明，在过去的 6 年里该流域取水量增长了 8%，截至 1994 年，平均年取水量为 10800GL。

取水量的增加大幅度地减少了墨累河下游的流量，审计结果表明从流域入海的水量仅为开发前流域入海量的 21%。流量的减少对小型和中型的洪水事件影响最大，许多洪水过程消失，洪水过程发生的频率也显著降低。同时，墨累河下游每年有 60%的时间出现严重干旱，而在自然状态下，每年只有 5%的时间出现严重干旱。

河流流量的变化对河流健康产生了巨大影响，健康湿地的面积也在不断减小。河流流量的减小还影响了鱼类产卵，导致天然鱼类数量减少。同时，枯水期越长，盐度越高，藻类爆发的频率随之增加。如果取水量持续增加将会导致河流健康状况进一步恶化。

审计委员会审查了取水限额总量制定之前按照原有的水资源分配系统进行取水的模式。水资源分配系统是在当时水资源管理人员鼓励流域水资源开发的情况下发展起来的，该系统对水资源短缺时期的水资源进行了定量分配，因而并不适用于通常水资源丰富的情况或地区。据报道，在水资源审计之前的 5 年里，可用水量中只有 63%的水量被利用。审计发现，如果充分利用现有的水权，取水量将会增加 15%。然而，取水量的增加将会降低水资源供应的安全稳定性，还会导致河流健康进一步恶化。

2.2 取水限额

1995 年 6 月，《墨累—达令流域取用水审计监测报告》被提交到墨累—达令流域部长理事会。流域水资源开发利用会带来巨大的经济效益和社会效益，因此理事会决定，水资源开发利用与河道自身用水之间需要达到一个平衡，而且流域取水需要设定取水限额。独立审计委员会负责设定取水的限额，这样可以充分考虑各州之间的用水公平性。

1996 年 12 月，理事会研究并通过了独立审计委员会 1996 年 11 月的报告，其决议如下：

- 新南威尔士州和维多利亚州的取水限额为 1993/94 年发展水平下的取水量；
- 南澳大利亚州的取水量控制在保障其发展的水平之上。该限额比 1993/94 年的取水量略高，等于多年平均发展水平保障下许可用量的 90%；
- 昆士兰州取水限额的确定需要在独立的水资源配置管理规划完成之后，该限额需要依据河口流量来确定。

随后，澳大利亚首都特区同意参加取水限额的计划，并将与墨累—

达令河流域委员会和独立审计委员会进行具体的协商。

取水限额的实施将改变流域内的水资源分配系统。例如，取水限额将改变一些用水户对水权的看法，特别是解决那些从未使用过水权的用户与那些充分使用水权的用户之间的冲突。新南威尔士州与维多利亚州都制定了实施取水限额措施的过程，并充分考虑了如何解决这些问题。

根据 1993/94 年用水水平确定流域内用水最多的两个州的取水总量限额，并对南澳大利亚州与昆士兰州的调水措施进行规划，部长理事会有效地建立了流域的分水框架。由于水权的重要性，各州根据取水限额取水是非常重要的。同时，取水限额制度的实施需要一个综合的总结报告系统，包括取水监测和总结报告方式的改进。

本报告体现了正在进行的各项改进。尽管取水限额制度的实施极大地改变了人们关于水资源分配和利用的看法，但各州对取水的监测与报告也是非常必要的。尤其是对于一些以技术为基础的支持系统（如改进的河流模型），这些监测与报告的实施与撰写远比预期的更费时、费力。

因此，期望的目标要经过长时间的努力才能实现，更需要用水户和各支流机构的理解和支持。本报告只提供了现在正收集整理的信息，特别指出了信息缺乏的地区，并对改善将来的监测和总结报告系统提出了建议，但离我们的理想目标还有一定差距。

2.3　独立审计委员会 2002/03 年取水限额制度实施总结

受墨累—达令流域部长理事会的委托，独立审计委员会对各个州

2002/03 年取水限额管理措施的实施进展进行了审查总结（《2002/03 年取水总量限额制度实施总结》，墨累—达令流域部长理事会，2004 年 3 月，堪培拉）。

　　《2002/03 年取水总量限额制度实施总结》是对独立审计委员会总结的有益补充，但是，报告里的数据是 2002/03 年获取的最终数据，这个数据取代了独立审计委员会制定的数据。值得注意的是，本报告中墨累达令流域 2002/03 年的取水量（见表 3-1）取代了 2003 年 3 月独立审计委员会的报告中的取水量（见表 11-1）。

第 3 章　2002/03 年总结

3.1　用水总结

　　本报告中的数据是由各相关的州政府机构收集并由墨累—达令流域委员会整理的。由于需要收集整理成千上万用水户的取水数据，所以准确的数据获取是非常困难的。

　　2002/03 年流域用水数据如表 3-1 所示。从表中数据可以看出，2002/03 年全流域总用水量为 8079GL，按照取水量大小来看，全流域用水总量处于 1983/84 年以来 19 年的最低水平，南澳大利亚州的取水量在 19 年中处于最高水平，昆士兰州的取水量在 19 年中位列第七，新南威尔士州的取水量在 19 年中处于最低水平，维多利亚州的取水量在 19 年中位列第十七，澳大利亚首都特区的取水量在 19 年中位列第四。

　　图 3-1 所示为 1983/84—2002/03 年各州历年取水量情况，图 3-2 所示为 1983/84—2002/03 年取水量小于 1000GL 的州（南澳大利亚州、昆士兰州、澳大利亚首都特区）历年取水量情况。

表 3-1 2002/03 年流域用水数据

州	流域	灌溉用水（GL）	其他取水[1]（GL）	总计（GL）
新南威尔士州[2]	边界河	137	1	138
	圭迪尔河	238	0	238
	纳莫伊河	284	10	294
	麦夸里/卡斯尔雷/博根河	390	21	411
	巴朗—达令河[7]	19	0	19
	下达令河	60	47	107
	拉克兰河	243	10	253
	马兰比季河[4]	1778	15	1793
	墨累河	824	55	879
	总计[3]	3972	158	4131
维多利亚州	古尔本河	975	29	1004
	布洛肯河	23	16	39
	洛登河	26	6	32
	坎帕斯皮河	40	34	74
	威默拉河/麦里河	0	63	63
	基沃河	9	3	12
	奥文斯河	21	10	32
	墨累河	1642	59	1701
	总计	2737	220	2957
南澳大利亚州	阿德莱德及其相关农村地区	0	165	165
	墨累河下游沼泽区[5]	99	0	99
	乡村城镇	0	39	39
	从墨累河取水的其他地区	432	2	434
	总计	531	206	737
昆士兰州[2]	康达迈恩河/巴朗河	113	10	123
	边界河	63	3	66
	麦金太尔河	11	0	11
	穆尼河	6	0	6
	沃里戈河	7	0	7

续表

州	流 域	灌溉用水（GL）	其他取水[1]（GL）	总 计（GL）
昆士兰州[2]	帕鲁河	0	0	0
	总计[6]	200	14	214
澳大利亚首都特区[7]		5	35	40
流域总计		7445	633	8078

注：1. 其他用水包括居民用水，城市和工业用水；2. 新南威尔士州和昆士兰州取水包括未经管理的河流取水的估计；3. 1996/97 年新南威尔士州未能考虑漫滩的取水情况，昆士兰州也未将漫滩纳入最终统计数据中来（1996/97 年大约为 22GL）；4. 包括马兰比季河（Murrumbidgee）和洛瓦比吉河（Lowbidgee）的用水量；5. 墨累河下游沼泽灌溉者取水是基于作物实际用水确定的，并未对其取水进行测量，计划在未来两年内对该区域进行恢复重建，包括取水的测定；6. 不包括昆士兰州漫滩平原 72GL 的用水量；7. 这是净取水量，澳大利亚首都特区的水主要用于供应城市用水，具有较高的回归率（约 50%）。

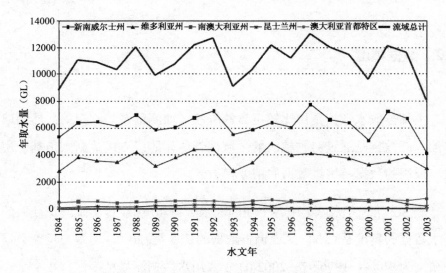

图 3-1　1983/84—2002/03 年各州取水量情况

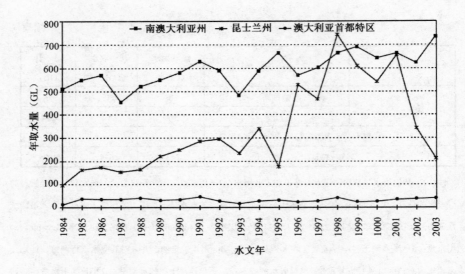

图 3-2 1983/84—2002/03 年取水量小于 1000GL 的州取水量情况

3.2 数据精度

大部分取水数据是用比较可靠的方法（如测量泵）测得的；然而取水的二级数据是通过对种植区的区域调查估计的；三级数据则是基于用水户反馈的数据，这级数据的精度相当低。

表 3-2 给出了表 3-1 中各个州的取水数据精度。经过实际测量获取的用水数据的精度是±5%，区域调查数据的精度是±20%，用水户反馈数据的精度为±40%。1996/97—2002/03 年取用水数据测量精度保持在 7%。

由于新南威尔士州、昆士兰州和澳大利亚首都特区等地区取水总量及定额管理的开展，以及计量装置在墨累河下游沼泽地区和南澳大利亚州联同使用，预计取水量数据测量精度将会越来越好。

表 3-2　2002/03 年各州取水数据精度情况

州	流　域	调 水 量 （GL）	精　度 （±GL）	精　度 （±%）
新南威尔士州	边界河	248	19	8
	圭迪尔河	425	25	6
	纳莫伊河	315	31	10
	麦夸里/卡斯尔雷/博根河	495	37	8
	巴朗—达令河	242	24	10
	下达令河	246	12	5
	拉克兰河	418	26	6
	马兰比季河	2711	178	7
	墨累河	2048	101	5
	总计	7148	454	6
维多利亚州	古尔本河	1451	80	6
	布洛肯河	17	2	12
	洛登河	101	7	7
	坎帕斯皮河	113	6	5
	威默拉河/麦里河	98	5	5
	基沃河	11	2	18
	奥文斯河	23	4	16
	墨累河	1678	105	6
	总计	3491	212	6
	麦金太尔河	15	1	6
	穆尼河	31	6	20
	沃里戈河	9	2	19
	帕鲁河	0	0	29
	总计	688	112	16
南澳大利亚州	阿德莱德及其相关农村地区	104	5	5
	墨累河下游沼泽区	100	40	40

州	流 域	调水量（GL）	精 度（±GL）	精 度（±%）
南澳大利亚州	乡村城镇	38	2	5
	从墨累河取水的其他地区	421	25	6
	总计	662	72	11
昆士兰州	康达迈恩河/巴朗河	360	54	15
	边界河	273	49	18
	麦金太尔河	11	0	11
	穆尼河	6	0	6
	沃里戈河	7	0	7
	帕鲁河	0	0	0
	总计	200	14	214
澳大利亚首都特区		34	3	10
流域总计		12023	853	7

3.3 2002/03 年气候总结

1. 降雨

澳大利亚的降水等级标准分为：超丰水量、较丰水量、丰水量、均水量、枯水量、较枯水量、超枯水量。根据 2002 年 7 月至 2003 年 6 月的降雨量资料，只有达尔比、昆士兰州东南部的多尔比、新南威尔士州东北部的因弗雷尔、维多利亚州东北部的哥斯高山和西南部的尼尔、南澳大利亚摩根地区附近的一些孤立区域的降雨量为平均降雨量。除了以上区域，几乎流域一半区域的降雨量高于平均水平，另一半区域的降雨量则远小于平均降雨量。其中，新南威尔士州东南部的沃加沃加和阿尔伯里城镇、维多利亚北部的沃东加城镇地区的降雨量创下历史最低纪录。新南威尔士州的东南部和西北部的一些孤立区域的降雨量也达到了历史最低纪录（图略）。

根据 2002 年 11 月至 2003 年 4 月的降水量资料，流域东北部、中部和西南部地区的降雨量达到平均降雨量水平，这几个地区所占面积大约为整个流域面积的一半；流域的另一半地区的降雨量低于或远低于平均降雨量。远低于平均雨量的区域主要分布在流域东南部，涵盖了主要水库，以及休姆和达特茅斯等重要的集水区。昆士兰州南部的沙勒维尔和梅龙镇的降雨量也远远低于平均降雨量。以下两个地区的降雨量也达到了平均降雨量：新南威尔士州弗雷尔附近的新英格兰高原和维多利亚州尼尔市（图略）。

2. 温度

根据 2002 年 7 月至 2003 年 6 月流域温度的异常变化（实测温度与长期平均温度的差值）资料，这个时期整个流域的温度比历史平均温度高（1.0～1.5℃和 1.5～2.0℃），超过流域面积一半地区的温度比历史平均温度高了 1.5～2.0℃。

流域大部分地区的 2002/03 年的温度比多年平均温度高了 1.0～2.0℃，而流域东北部比多年平均温度高了 0～1.0℃，新南威尔士州和昆士兰州边界一些地区的温度则与多年平均温度持平。

3.4 取水限额制定

墨累—达令流域部长理事会对各州设定的取水限额如下。

- 新南威尔士州：取水总量限额为 1993/94 年调水量加边界河平德里坝所需水量。

- 维多利亚州：取水总量限额为 1993/94 年取水量加莫克安大坝所需水量（最初是 22GL/年）。

- 南澳大利亚州：①650GL/5 年的水量通过南澳大利亚首府阿德莱德供水系统供应于城镇用水；②50GL/年的水量供应于农村用水；③103.5GL/年的水量用于沼泽恢复，2001 年 3 月 30 日理事会第 30 次会议将沼泽恢复用水限额从 83.4GL/年调整至 103.5GL/年，其中，9.3GL 用于高山地区（不限制交易），72.0GL 用于沼泽用水（不限制交易），22.2GL 用于环境保护（限制交易）；④其他用水共 489.6GL。

年取水限额目标采用模型帮助计算，同时将气候条件考虑在内。此外，年取水限额目标还根据水权交易进行调整。

当前，部长理事会还没有确定昆士兰州的取水限额，但会在昆士兰州的水资源规划（WRP）完成后，按照水资源规划确定取水限额。

澳大利亚首都特区也加入了取水限额计划，并建立了一个首都特区和其他州政府间的水贸易系统。

新威尔士州和维多利亚州的取水限额并不等于 1993/94 年的取水

量。另外，任何一年的取水限额的设定均在考虑了当年的气候水文条件之后，用 1993/94 年已有的基础设施（泵、坝、渠、灌溉面积和管理规则等）来确定最终的取水限额。

澳大利亚各州的一项重要任务就是确定每年的取水总量限额。各州用观测的气象和水文数据在每年年底计算取水总量限额。在流域南部，如果灌溉区降雨量较大则该年的取水限额偏低；相反，如果降雨量较小则取水限额偏高。另外，年取水总量限额还受到水资源可获性的影响。在流域南部，枯水年内的年取水限额反映了该区受水资源限制的水平；在流域北部，取水限额还受到储水量的影响。

由于确定取水总量限额的复杂性，其计算还需要借助计算机模型。模型综合考虑了一系列的气象、水文因素来模拟水流和蓄水等情况。审计和验证这些模型是一项主要的任务。虽然大多数地区开发了暂时性的取水限额模型，但只有三个模型可以进行独立审计，并且还没有模型得到委员会的认可。

虽然，南澳大利亚州给出了直观的取水限额数据，但仍存在一些问题。南澳大利亚州给出的第四类取水限额 440.6GL/年是基于多年平均气候条件的结果，如果某年降水量极少或极多，就不能参考这个数据。另外，第一类取水限额 5 年内 650GL 可给超过 100 万人口的阿德莱德首府提供 99%的用水保证率。这个数据是根据阿德莱德东北部的山岭从墨累河近 200 年的取水数据模拟得出的，阿德莱德用水量大约为 200GL，由于用水量可能存在一定的变化，所以给出的取水限额有一定的变化范围：20GL（10%）～190GL（95%）。

2002/03 年是墨累—达令流域采用取水限额政策的第九个水文年。部长理事会审议通过了各州的实际取水量相对于取水限额比例的计算方法：各部门的实际取水量与 1997 年 7 月以来确定的取水限额的累积差异值（见附录 E）。根据《墨累—达令流域协议》，当规定河流的超用水量超过 F 计划的规定时，独立审计机构将对其开展特殊用水审计。用水审计机构向流域管理委员会提交用水审计报告。如果审计结果表明被审计的州用水量超过限额，流域管理委员会将对此进行公布，并向下届部长会议报告。

3.5 2002/03 年实际用水与取水限额比较

1. 新南威尔士州

2002/03 年新南威尔士州各地区实际用水与取水限额的比较如表 3-3 所示。

一些取水限额模型在新南威尔士州暂时进行了应用。其中，带有独立审计的 Lachlan 模型因为可支持 F 计划规定而得到了推荐，也是第一个正式用于取水限额的模型，具有里程碑意义。Macquarie 模型也在新南威尔士州进行了应用和审计。2003/04 年，流域委员会同意使用 Macquarie 模型和 Namoi 模型在新南威尔士州计算取水限额。

拉克兰河地区的取水量超过了 2002/03 年的取水限额，还超过了 F 计划的规定。2004 年 2 月，独立审计机构对其进行了特殊用水审计，并公布拉克兰河地区取水连续超过取水限额。此外，2004 年 3 月 26 日第 35

届部长会议上，新南威尔士州政府报告了超额用水的原因，并提出节水行动计划及时间安排。圭迪尔河地区还有 29GL 的累积取水额度，没有超过 F 计划规定的进行特别审计的取水警戒线。同时，独立审计委员会也考虑了模型的可靠性，并没有单纯按照取水量是否超过规定值来决定是否进行特别审计。由于 2002/03 年麦夸里地区和边界河地区的取水限额没有确定，独立审计委员会对这两个地区没有进行比较。

纳莫伊河、巴朗河、下达令地区及墨累河地区的取水量超过了 2002/03 年的取水限额，但这些地区的取水量仍保持在各自的累积取水信用额度之内，或者没有超过特别审计规定的多年取水量 20%的规定。马兰比季河地区 2002/03 年的取水量则低于年取水限额目标。

2．维多利亚州

基沃河、奥文斯河、威默拉河及坎帕斯皮河地区 2002/03 年的取水量低于其取水限额目标，古尔本河、洛登河地区的取水量则超过了取水限额目标，但这些地区的取水量仍保持在各自的累积取水信用额度之内。

除了 Wimmera-Mallee 系统模型以外，维多利亚州对其他所有地区还开发了另一个取水限额模型。Wimmera-Mallee 系统模型开发后并没有经过 1993/94 年气象水文条件的校准。维多利亚 Goulburn 模型用于古尔本—洛登坎和坎帕斯皮两个地区，并由独立审计人员按照 F 计划规定进行了审计。为了确保各流域取水符合取水限额的规定，维多利亚州同意发展和提高取水限额计算模型，并严格监督水权的执行。

3．南澳大利亚州

2002/03 年，南澳大利亚州各地区取水符合其取水限额要求，具体情况为：墨累河下游沼泽地区、从墨累河取水的其他地区（见表 3-3）、阿德莱德和其他相关农村地区（见表 3-4）。2002/03 年，南澳大利亚州乡村城镇的取水量虽然超过了其取水限额目标，但本地区具有充足的累积取水额度。

南澳大利亚州继续进行提高用水效率和推动墨累河的水资源可持续管理的举措，并确保长期遵守取水限额。

4. 昆士兰州

目前为止，昆士兰州的取水限额还没有制定，因此无法对昆士兰州 2002/03 年的取水量进行评价。

2003 年 12 月，边界河、沃里戈—帕鲁—尼拜恩和穆尼地区的水资源规划（WRP）修订完毕，成为宪报刊登的附属法例；涉及昆士兰州康达迈恩—巴朗河的修订草案 WRP 发布并征求公众意见。昆士兰州的取水限额制定预计要到 2005 年之后。

5. 澳大利亚首都特区

澳大利亚首都特区取水限额仍未完全执行。

通过协商制定取水限额是目前建立澳大利亚首都特区（ACT）取水限额的方法，通过协商还可建立一个澳大利亚首都特区和新南威尔士州水资源贸易框架，这被认为是建立澳大利亚首都特区取水限额的先决条件。

表 3-3 对新南威尔士州、维多利亚州、南澳大利亚州（不包括阿德莱德和其他相关农村地区）、昆士兰州和澳大利亚首都特区的实际取水量与年取水限额进行了比较。表 3-4 对阿德莱德和其他相关农村地区的实际取水量与取水限额进行了比较。

表 3-3　各地区 2002/03 年实际取水量与年取水限额情况　　　（单位：GL）

系统[1]		取水限额	水权交易调整取水量[1]	考虑水权交易后的取水限额	年取水量	取水信用[5]	1997/98年以来的累积取水信用	取水限额超越限制触发量（多年取水限额平均的20%）[6]	累积差异（模拟-实测）
新南威尔士州[2]	边界河[2,4]	n/a	−13	n/a	137	n/a	n/a	−41	n/a
	圭迪尔河[4]	435	0	435	238	197	−29	−69	200
	纳莫伊河[4]	256	0	256	294	−38	−42	−64	−41
	麦夸里河/卡斯尔雷河/博根河[4]	n/a	0	n/a	411	n/a	n/a	−94	−100
	巴朗—达令河/下达令河[4]	120	0	120	125	−6	14	−62	n/a
	拉克兰河	252	0	252	253	−1	−80	−67	−77
	马兰比季河	2070	−14	2055	1793	262	615	−472	229
	墨累河	452	31	483	879	−396	120	−385	−50
维多利亚州	古尔本河/布洛肯河/洛登河	1041	−8	1033	1076	−43	−3	−412	154
	坎帕斯皮河	85	0	85	74	11	32	−24	14
	威默拉河/麦夸里河[4]	n/a	n/a	n/a	63	n/a	n/a	−32	n/a
	基沃河/奥文斯河/墨累河	2075	−13	2063	1744	318	449	−333	−360
南澳大利亚州	阿德莱德及其相关农村地区[8]								
	墨累河下游沼泽区[7]	104	−5	99	99	0	0	−21	n/a
	乡村城镇	50	−11	39	39	0	56	−10	n/a
	从墨累河取水其他地区	441	9	449	434	15	285	−88	n/a
昆士兰州	康达迈恩河/巴朗河[4]	n/a	n/a	n/a	123	n/a	n/a	n/a	n/a
	边界河[4]	n/a	n/a	n/a	67	n/a	n/a	n/a	n/a
	麦金太尔河[4]	n/a	n/a	n/a	11	n/a	n/a	n/a	n/a

续表

系　统[1]		取水限额	水权交易调整取水量[1]	考虑水权交易后的取水限额	年取水量	取水信用[5]	1997/98年以来的累积取水信用	取水限额超越限制触发量（多年取水限额平均的20%）[6]	累积差异（模拟－实测）
昆士兰州	穆尼河[4]	n/a	n/a	n/a	6	n/a	n/a	n/a	n/a
	沃里戈河[4]	n/a	n/a	n/a	7	n/a	n/a	n/a	n/a
	帕鲁河[4]	n/a	n/a	n/a	0	n/a	n/a	n/a	n/a
澳大利亚首都特区[4]		n/a	n/a	n/a	40	n/a	n/a	n/a	n/a

注：1. 根据水权交易调整取水限额目标，水权交易包括临时性水权交易和永久性水权交易；2. 不包括平达里大坝的取水限额；3. 不包括 Mokoan 湖的取水限额；4. n/a 指取水限额模型没有建立或者没有制定取水限额目标；5. 取水额度信用负值表示超过了 2002/03 年考虑水权交易后的取水限额目标，累积取水信用为负值表示取水超过了从 1997/98 年以来的累计值，即多年取水与取水限额差累积为负；6. 取水限额目标超越限制触发值报告为负值；7. 见表 3-4。

表 3-4　南澳大利亚州新城阿德莱德及相关乡村地区
年实际取水量与年取水限额情况　　　（单位：GL）

		年取水量	至 2002/03 年5 年总取水量	5 年总取水限额总量	取水量与取水限额的差异
南澳大利亚州	阿德莱德及其相关农村地区	165	642	673	31

注：本地区的取水量低于 5 年（包括 2002/03 年）滚动的取水总限额值。2001/02 年临时性交易水量为 12GL，2002/03 年临时性交易水量为 11GL，因此，可将取水限额从 650GL 上升到 673GL。

第4章　2002/03年新南威尔士州用水总结

4.1　水资源管理概述

2000 年，随着一部新的《水资源管理法》的出台，标志着新南威尔士州政府致力于水资源管理计划的长期发展和法制化实施。除了边界河流域外，新南威尔士州已经为其他所有主要的监管流域制定了水资源分配计划。一些未监管的流域也制定了相应的水资源分配计划。这些计划将在未来 10 年内开始应用。

然而，为了表示对联邦政府宣布国家水资源计划的响应，新南威尔士州第一轮的实施计划从 2003 年 7 月 1 日被推迟至 2004 年 7 月 1 日。这样，新南威尔士州的计划和国家的水资源改革计划相一致，新南威尔士州的计划所涵盖的基本内容不需要因为国家水资源计划而重新制定。

水资源计划包括取水管理限制（取水计划的限度）、调整水资源分配的规则，水管理限制取水量的增长不要超过计划规定的限度。在所有主要受监管的流域内，计划的取水限度都应低于取水限额。

该计划的目标并不是让所有年份的取水量都低于 1993/94 年的取水量；相反，该计划的目的是产生环境效益，同时确保长期平均取水量不超过 1993/94 年发展水平的取水量。该计划还要求对长期取水量每年进行评估，为了确保不超过计划的取水限制，在任何需要的时候都可以采取管理行动。

当前初步使用计算机仿真模型对水资源限额进行评估，结果表明，除了边界河流域的取水限额尚未确定外，其他所有主要的新南威尔士州监管流域的长期平均取水量均低于取水限额。麦宁迪上游的巴朗—达令河调水的管理规则目前正在制定中；麦宁迪下流的达令河流域、新南威尔士州的墨累流域和圭迪尔流域的仿真模型目前正在开发中。

4.2 水资源利用总结

2000 年，有利的气候条件使新南威尔士州能够按水权的 100％分配足够的水资源。2000/01 年，在新南威尔士州南部地区，气候条件接近平均水平；而新南威尔士州北部地区比往年都要湿润。

计算机仿真模型运算显示，2002/03 年新南威尔士州有 4 个流域水资源取用量超过了取水限额，2 个流域的水资源取用量低于取水限额，还有 2 个流域没有取水限额，因此不能做出评估。根据《墨累—达令流域协议》，每年的取水限额执行情况从 1997/98 年开始累计。分析表明，新南威尔士州的拉克兰河、纳莫伊河和巴朗—达令—下达令河三个流域，其取水率都高于长期平均取水限额的 20％。

2001/02 年非常干燥的气候条件导致了墨累—达令流域在新南威尔士州政府监管下的大部分流域分配的水资源都比较少。一些流域可利用的水资源达到了创纪录的最低水平，包括马兰比季流域（45％）、新南威尔士州内的墨累流域（22％）和拉克兰流域（31％）。只有占流域全部水权很小一部分的稳定水权分配了全部的水资源。2002/03 年，遍布全澳大利亚的干旱使得新南威尔士州境内的墨累—达令流域全年干旱，仅在墨累河流域、马兰比季河流域、雪河流域的部分地区有一些较小的降雨。

2002/03 年，新南威尔士州大部分流域的水文年从 7 月到次年 6 月，但纳莫伊、圭迪尔、新南威尔士州边界河流例外，这些流域的水文年是从 10 月到次年 6 月。未来将在所有流域使用 7 月到次年 6 月的水文年进行审计并撰写报告。所有取水报告在可用信息允许的前提下和墨累—达令流域委员会注册的取水定义是一致的。

4.3　Border Rivers（边界河）

一种连续累积（CA）分配系统在 2001/02 年被用于新南威尔士州内的边界河流域。这种新的系统可为个人用水账户提供许可证，可分配 100%水资源，并且可以不断累积未使用的水权。用户可能会在任何时间收到一个新的分配增量（取决于可利用水资源的多少），最高限额可达 100%。在任何特定季节，有许可证的用户可分配的水量最多可达 100%。

新南威尔士州内的边界河流域最初规定按个人账户水权的 44%分配，随着水资源的增多又增加了 7%的分配额。从新南威尔士州的边界河向昆士兰州的边界河跨流域输水 13GL，因而总共有 124GL 的水资源可供分配利用，这个额度不包括未管制支流的取用水量。

2002/03 年共有 121GL 的分配水被取用，只有一次较小的从非管制支流取水事件，这次取水是从麦宁迪湖调水供应布洛肯山的用水。因此，共有 3GL 的水量没有纪录在册。从新南威尔士州内的边界河流域管理河道共调水 124GL（见表 3-1）。目前没有对未管理河段的调水情况进行监测，经评估得到这部分调水量是 14GL，因而 2002/03 年最终的调水量为 138GL（见表 3-1）。

由于新南威尔士州边界河流域的取水限额目前仍在确定中，所以 2000/01 年的取水限额审计并未进行。

4.4 Gwydir（圭迪尔河）

圭迪尔河流域的管理河段实行一种名为连续累积（CA）的分配系统，它为个人用水账户提供许可证，可存入高达 150%的分配水量，并且可以不断累积未使用分配水量的水权。用水账户可能会在任何时间收到一个新的分配增量（取决于可利用水资源的多少），最高限额可达 150%。在任何特定季节，有许可证的用户可分配的水量最多可达其水权的 100%，即 528GL（见表 10-1）。

在 2002/03 年，圭迪尔河流域个人账户开始按水权的 41%分配水资源，后来没有再进行水资源分配。流域内总共有 225GL 的水资源可供分配利用，并未包括未管制支流的取用水量。

个人账户的所有水资源都被取用，流域账户平均余额接近 0。从未管制支流取水是受到严格限制的，只有一次较小的从非管制支流取水事件，这次取水是从麦宁迪湖调水供应布洛肯山的用水，这次调水导致 6GL 的水量没有纪录在册。经评估，从圭迪尔河流域管理河道共调水 228GL。

目前没有对未管理河段的调水情况进行监测，评估得到这部分调水量为 10GL，因而 2002/03 年最终的调水量为 238GL（见表 3-1）。

圭迪尔河流域取水限额的审计主要使用圭迪尔河流域的水量水质联合模型 IQQM 进行模拟评估的。2002/03 年流域的取水限额是根据以 1993/94 年的灌溉取用水量水平及 2002/03 年管理规则实行下的取用水量来确定的。

圭迪尔河流域初步的取水限额目标值是 425GL。根据《墨累—达令流域协议》的规定，每年的取水限额执行情况从 1997/98 年开始累计。分析表明，在累积取水限额的 6 个水文年中，取水量超出了取水限额的 29GL，比进行特殊审计的界限低 69GL。

4.5　Namoi/Peel（纳莫伊河/皮尔河）

在纳莫伊河流域的管理河段实行连续累积（CA）分配系统，它为个人用水账户都提供许可证，可存入高达 200%的分配水量，并且可以不断累积未使用分配水量的水权。用水户可能会在任何时间收到一个新的分配增量（取决于可利用水资源的多少），最高限额可达 200%。在任何特定季节，每名有许可证的用户可分配的水量最多可达其水权的 100%，也就是 265GL。皮尔河流域管理部门使用年用水账户，在每个水文年结束时剩余的水权就被作废了，用水账户最大分配水量是水权的 100%，即 314GL。

在 2002/03 年，纳莫伊河流域开始按个人用水账户的 82%分配水资源，但并未对执有一般水权许可证的用户进行水资源分配。皮尔河流域按水权的 60%分配水资源，总共有 258GL（见表 10-1）的水资源可供分配利用，这不包括未管制支流的取用水量。

纳莫伊河流域取用的水资源是发放水权的 73%，流域账户平均余额约为水权的 10%。皮尔河流域的取水量是 22GL。纳莫伊河和皮尔河流域在 2002/03 年并未发生从非管制支流取水的事件。纳莫伊河和皮尔河流域从管理河段的取水量总计 216GL。目前对未管理河道的取水并没有进行监测，因此对 2002/03 年的这部分取水量进行了评估，为 78GL。因而得到纳莫伊河和皮尔河流域最终的取水量是 294GL（见表 3-1）。

纳莫伊河流域的水量水质联合模型 IQQM 被用于流域进行初步的取水限额审计。2002/03 年流域的取水限额是以 1993/94 年的灌溉取用水量水平及 2002/03 年的管理规则制定的取用水量。用于皮尔河流域的水量水质联合模型 IQQM 正在开发，气候和用水的关系被用来初步评估取水限额。纳莫伊河/皮尔河流域取水限额的综合目标是 256GL。根据《墨累—达令流域协议》的规定，每年的取水限额执行情况从 1997/98 年开始累计。分析表明，在累积取水限额的 6 个水文年中，取水量超出了取水限额的 42GL，比进行特殊审计的界限低 64GL。

4.6 Macquarie/Castlereagh/Bogan
（麦夸里河/卡斯尔雷河/博根河）

在 2002/03 年，麦夸里河流域管理部门没有可供分配的水资源，但是，还有从 2000/01 年剩余的 59%水权，总共有 432GL（见表 10-1）的水资源可供分配利用，这不包括未管制支流的取用水量。

2002/03 年的实际取用水资源量为 376GL。2002/03 年未发生从非管制支流取水事件。目前对未管理河道取水并没有进行监测，因此对 2002/03 年的这部分取水进行了评估，结果为 35GL，从而得到 2002/03 年最终的取水量是 411GL（见表 3-1）。

麦夸里河流域水量水质联合模型 IQQM 被用于该流域进行初步的取水限额审计。2002/03 年流域的取水限额是以 1993/94 年的灌溉取用水量水平及 2002/03 年管理规则实行下的取用水量。2002/03 年流域取水限额的目标值还没有确定，麦夸里河流域水量水质联合模型还需要气候数据的验证。根据《墨累—达令流域协议》的规定，每年的取水限额执行情况从 1997/98 年开始累计。分析表明，在累积取水限额的 5 个水文年中，取水量超出了取水限额的 106GL。

4.7　Barwon-Darling（巴朗—达令河）

巴朗—达令河流域还没有一个正式的水资源分配规则，并且只能从未限制支流中取水。流域内实行的是年取水配额系统，年取水限额是 518GL。

2002/03 年该流域只有非常有限的可供利用的水资源。在一次为补充布洛肯山城镇的用水向麦宁迪湖调水的事件中，巴朗—达令河流域暂时取消了取水。2002/03 年从巴朗—达令河流域系统取水共 19GL（见表 3-1）。

巴朗—达令河流域的水量水质联合模型 IQQM 被用于该流域进行初步的取水限额审计。2002/03 年流域的取水限额是以 1993/94 年的灌溉取用水量水平及 2002/03 年管理规则实行下的取用水量。巴朗—达令河流域取水限额目标值是 24GL。根据《墨累—达令流域协议》的规定，每年的取水限额执行情况从 1997/98 年开始累计。分析表明，在累积取水限额的 6 个水文年中，取水量超出了取水限额的 142GL，超出了进行特殊审计的界限 35GL。

然而，为了进行取水限额审计，巴朗—达令河流域和下达令河流域被看作一个系统。每年的取水限额执行情况从 1997/98 年开始累计。分析表明，从 1997/98 年开始的 6 个水文年中，取水量超出取水限额达 53GL，比进行特殊审计的界限低 14GL（见表 3-3）。

4.8　Lachlan（拉克兰河）

在 2002/03 年，拉克兰河流域管理部门开始按许可证水权的 3%分配水资源，再加上还有 2001/02 年 28%的剩余水权，总共有 262GL（见表 10-1）的水资源可供分配利用，这不包括未管制支流的取用水量。

2002/03 年拉克兰河流域实际取用水量为 238GL。这一水文年中没有从非管制支流取水的事件。目前对未管理河道取水并没有进行监测，因此对 2002/03 年的这部分取水量进行了评估，结果为 15GL。因而可得到 2002/03 年最终的取水量是 253GL（见表 3-1）。

拉克兰河流域的水量水质联合模型 IQQM 被用在该流域进行初步的取水限额审计，这是墨累—达令流域第一个通过正式审查的用来进行取水限额审计的流域尺度的水文模型。这个模型模拟得到拉克兰河流域取水限额目标值是 237GL。根据《墨累—达令流域协议》的规定，每年的取水限额执行情况从 1997/98 年开始累计。分析表明，在累积取水限额的 6 个水文年中，取水量超出了取水限额的 67GL（见表 3-3）。流域委员会于 2001/02 年公布拉克兰河流域的取水量超出了取水限额。独立审查委员会在 2004 年 2 月进行了特殊审计，进一步确认了 2001/02 年拉克兰河流域的取水量超出了取水限额。

4.9　Murrumbidgee（马兰比季河）

在 2002/03 年，马兰比季河流域管理部门开始按水权的 34%分配水资源，再加上还有 2001/02 年 7%的剩余水权。2002 年 8 月管理部门又公布按 38%水权分配水资源，这是该流域最低的水资源分配比例，最后可供分配的水资源仅为 1719GL（见表 10-1），这不包括从未管制支流取用的水量。2002/03 年对流域内的分配水资源交易进行了限制，因而带来了水资源的损失和输水的困难。另外，只有 2001/02 年剩余的水量（13GL）可用于马兰比季河流域外的交易。

2002/03 年实际取用水量为 1712GL，其中，65GL 的水量来自运河排水系统。非管制取水阶段共有 39GL 的取用水量没有纪录在册。另外，还有 65GL 的水资源被调往 Lowbidgee 洪水控制和灌溉区域。马兰比季河流域和 Lowbidgee 流域管理部门共取用水资源 1751GL。目前对未管理河道取水并没有进行监测，因而只对 2002/03 年的这部分取水量进行了评估，约 42GL。因此得到最终的取水量为 1793GL（见表 3-1）。

马兰比季河流域的水量水质联合模型 IQQM 被用在马兰比季河流域进行初步的取水限额审计，结果表明马兰比季河流域取水限额目标值为 2055GL。根据《墨累—达令流域协议》的规定，每年的取水限额执行情况从 1997/98 年开始累计。分析表明，从 1997/98 年开始的 6 个水文年中，取水量超出了取水限额 615GL。

4.10 Lower Darling（下达令河）

在 2002/03 年，下达令河流域系统只有较少的水权，共 48GL，另外还有 2001/02 年 36GL 的剩余水权。自从 1981 年开始实行水量分配方案以来，每年都有 48GL 水资源可供分配。由于麦宁迪湖的水位较低，下达令河流域禁止分配水资源在流域内交易。因而下达令河流域最终可供分配的水资源为 84GL，这不包括从未管制支流取用的水量。

2002/03 年取用水量为 68GL。2002/03 年没有从非管制支流取水事件。此外，下达令河流域还向 Great Darling Anabranch 输送了 39GL 水量，用于补充每年的存储和家庭用水。因此可得到最终的调水量为 107GL（见表 3-1）。目前对未管理河道取水并没有进行监测，也未对这部分取水进行评估。

墨累河流域的水文模型被用在下达令河流域进行初步的取水限额审计，结果表明下达令河流域取水限额目标值为 96GL。根据《墨累—达令流域协议》的规定，每年的取水限额执行情况从 1997/98 年开始累计。分析表明，从 1997/98 年开始的 6 个水文年中，取水量超出了取水限额 157GL。然而，为了进行取水限额审计，巴朗—达令河流域和下达令河流域被看作一个系统，每年的取水限额执行情况从 1997/98 年开始累计。分析表明，从 1997/98 开始的 6 个水文年中，取水量超出取水限额达 53GL，低于进行特殊审计的界限 62GL（见表 3-2）。

4.11　Murray（墨累河）

在 2002/03 年，墨累河流域管理部门最初按许可证水权的 5%分配水资源，另外还有 2001/02 年 12%的剩余水权。尽管后来增加到按 10%水权分配水资源，但这也是流域水资源分配量最低的一年，最后可供分配的水资源共有 953GL（见表 10-1），这不包括从未管制支流取用的水量。其中，从墨累河流域向新南威尔士州、维多利亚州和南澳大利亚州的净调水量为 36GL。

2002/03 年共取用水量为 851GL。2002/03 年没有从非管制支流取水事件。目前对未管理河道取水并没有进行监测，因此对 2002/03 年的这部分取水进行了评估，约为 28GL。因而得到墨累流域最终的取水量为 879GL（见表 3-1）。

墨累河流域模拟模型用于该流域进行初步的取水限额审计，结果表明墨累河流域取水限额目标值是 483GL。根据《墨累—达令流域协议》的规定，每年的取水限额执行情况从 1997/98 年开始累计。分析表明，从 1997/98 年开始的 6 个水文年中，取水量超出了取水限额 120GL。

第 5 章　2002/03 年维多利亚州用水总结

5.1　概述

本章主要介绍影响维多利亚州各流域水资源利用的因素及未来水资源管理的对策。2002/03 年的特点是维多利亚州北部及一些流域的灌区极端干旱，因而大多数管制流域只有很少的分配水量。一些区域的来水量也达到了历史新低。

1. 取水限额政策

1990/91 年以来，维多利亚州一直在实行改变水资源管理政策的改革，并对该政策的有效性进行连续监测。布洛肯河流域的永久水权预计于 2003/04 年完成；洛登河和奥文斯河流域的永久水权政策将于 2004/05 年完成。

维多利亚州年取水量受限于其季节性的分配过程。从古尔本河流域供应的最终水资源分配量是稳定水权的 57%，从坎帕斯皮河流域供应的水量是稳定水权的 100%；维多利亚州的墨累河流域的分配水资源达到 129%。

2. 取水量

2002/03 年墨累河/基沃河/奥文斯河流域和坎帕斯皮河流域的取水量

都没有超过取水限额。尽管流域的总取水量在取水限额内，但如 3.5 节所述：古尔本河/布洛肯河/洛登河流域的取水量略超出了限额目标；威默拉—麦里河流域的取水限额目标值还没有确定，因为用于这个流域的模型还未进行校正。

2002/03 年维多利亚州从墨累—达令河流域取用水量共为 2957GL，可取用的水量共有 3155GL，其中包括 778GL 的水量损失。2002/03 年大约有 10GL 的水量用于维多利亚州与其他州进行暂时性水资源交易。

维多利亚州的取用水量相当于可供使用水量的 94%。

3．限额取消

2002/03 年没有取消对水资源的取水限额政策。只有奥文斯河流域有很少量的下泄水量可以交易。

4．输水

2002/03 年维多利亚州水系共输水 2220GL。由于受到分配水量的限制，2002/03 年墨累河流域输水 1296GL，而 2001/02 年的输水量是1491GL。由于较低的分配水量，古尔本河流域 2002/03 年的输水量也比2001/02 年低。

5．水资源交易

水资源交易的发展继续受古尔本河、坎帕斯皮流域水资源极其匮乏及维多利亚州北部降水稀少的影响。

2002/03 年维多利亚州约有 9.1GL 的永久性水权交易，由维多利亚州的水权拥有者在州间进行交易或卖给其他系统。南澳大利亚州购买了维多利亚州 1GL 的水权，维多利亚州卖给新南威尔士州 0.2GL 的水权。在维多利亚州内部流域间也有一些其他水资源交易。

2002/03 年暂时性水权交易活跃，有 51.2GL 的水权交易量。新南威尔士州是维多利亚州跨州水交易的主要伙伴，2002/03 年维多利亚州向新南威尔士州输送了一定数量的水资源。同时，维多利亚州从南澳大利亚州调入了一定的水量，古尔本河流域从维多利亚州的其他水系统也转入了一部分水权。

6. 环境流

2002/03 年，森林所分配的环境流量并未被用于补给巴尔马—米瓦森林。巴尔马—米瓦森林通过保持自身流量，达到了协助鸟类繁殖的目标。

2002/03 年维多利亚州北部湿地取用了约 7.1GL 所分配的水资源。

5.2　Goulburn（古尔本河）

古尔本河是古尔本河/布洛肯河/洛登河流域系统的一部分。2002 年 8 月，管理委员会规定自流灌溉的用户和私人取水者在古尔本河流域的最初分配水资源是水权的 34%，在 2003 年 3 月达到最高值 57%。有限的水资源使得 2002/03 年古尔本河流域无法进行水资源交易。这是古尔本河流域连续 5 年分配水量较低，并且 2002/03 年是这 5 年以来分配水量最少的一年。从瓦兰加库的蓄水抽取的水量补充了古尔本河流域的水资源，从而在没有增加从古尔本河流域的取水量的同时补给了灌溉用水。

在维多利亚州灌溉季初期，伊尔顿湖的水量只有其容量的 24.1%；古尔本河流域的蓄水量在 2000 年 8 月为其容量的 24.2%，但 2003 年 6 月降为其容量的 11%。

古尔本河流域可供利用的水资源量为 704GL，这包括季节分配的灌溉用水、城市用水、工业用水、牲畜用水（449GL），以及暂时性水交易（28GL）和系统损失（228GL）。灌溉水权用于雪帕顿灌溉地区、古尔本灌溉区中部和私人取水者。

古尔本河流域大约有 343GL 的水资源被调往墨累河、坎帕斯皮河、洛登河、威默拉—麦里河流域及墨尔本供水系统。2002/03 年古尔本河流域的取水量为 1004GL，低于流域的十年平均量。

古尔本河流域没有实行取消限额进行水资源分配的措施。

在评估取水限额满足率时，古尔本河流域是古尔本河/布洛肯河/洛登河流域的一部分。古尔本河流域的取水量高于 2002/03 年的取水限额目标值。实际上，该地区的取水量在累积取水信用额度之内，因而不用进行特殊审计。

古尔本河流域从 1995 年开始实行永久水权政策。

5.3　Broken（布洛肯河）

布洛肯河流域的私人取水者在 2002 年 8 月的分配水量为水权的 40%，2002 年 10 月宣布可分配水量最高可达 100%。水资源的短缺导致 2002/03 年没有任何水资源交易。

在 2002 年 8 月灌溉季开始时，Lake Nillahcootie 和 Lake Mokoan 的水量只有其容量的 48%和 42%。Lake Nillahcootie 的蓄水量在 2002 年 9 月达到其容量的 49%，Lake Mokoan 的蓄水量在 2002 年 8 月达到其容量的 42%。

2002/03 年布洛肯河流域的取水量为 39GL，是可取用水量（44GL）的 88%。布洛肯河流域没有实行取消限额进行水资源分配的措施。

在评估取水限额满足率时，布洛肯河流域是古尔本河/布洛肯河/洛登河流域的一部分。布洛肯河流域的取水量超出了 2002/03 年的取水限额目标。实际上，布洛肯河流域的取水量在累积取水信用额度之内，因而不用进行特殊审计。

布洛肯河流域将从 2003/04 年开始实行永久水权政策。

5.4 Loddon（洛登河）

洛登河流域的私人取水的初始分配水量为水权的 34%。Pyramid-Boort 灌溉区用水户位于洛登河流域内，但是绝大部分用水户是通过瓦兰加西部渠道从古尔本河流域取水的，并且按水权的 34%分配，在 2003 年 3 月按水权分配的最高值 57%分配。

Cairn Curran、Tullaroop 和 Laanecoorie 水库的综合水资源在灌溉初期是其库容的 24%，在 8 月初达到最大值 25%，到 2003 年 6 月又降为其库容的 14%。

在洛登河流域中，私人灌溉取用水、家庭和牲畜饮水、商业用水、工业和城市用水，还有供给 Pyramid-Boort 灌区和威默拉—麦里河流域的水资源（12GL），这些水资源占了整个洛登河流域取水的 32.2GL。2002/03 年从古尔本河流域向 Pyramid-Boort 灌区调水量为 180GL。

洛登河流域 2002/03 年可供利用的水资源量为 367GL，这个水资源量包括 Pyramid-Boort 灌区自流灌溉用户用水、个人取水，也包括城市用水、工业用水和牲畜饮用水等。尽管 Pyramid-Boort 灌区大部分用水来自古尔本河流域，但是该灌区属于洛登河流域水权的管辖范围。

在评估取水限额满足率时，洛登河流域作为古尔本河/布洛肯河/洛登河流域的一部分，洛登河流域的取水量高于 2001/02 年的取水限额目标值。但是，该地区的取水量在累积取水信用额度之内，因而不用进行特殊审计。

5.5　Campaspe（坎帕斯皮河）

坎帕斯皮河流域主要供应私人取水者、坎帕斯皮灌区和 Coliban 供水系统，保障其用水需求。虽然 Rochester 灌区的地理位置在坎帕斯皮河流域内，但该灌区通过瓦兰加西部渠道从古尔本河流域取水，因而在评估取水限额满足率时将其作为古尔本河/布洛肯河/洛登河流域的一部分。

坎帕斯皮河流域最初分配的水资源是水权许可证的 85%，在 2003 年 3 月达到了最高值 100%。Rochester 灌区自流灌溉的用户分配的水资源与古尔本河流域保持一致，为水权的 57%。

在灌溉季开始时，Lake Eppalock 的水量只有其容量的 28%，其蓄水量在 2002 年 7 月初达到高峰 28.4%，2003 年 5 月又降为 7%。

2002/03 年坎帕斯皮河流域的可用水量为 236GL，包括供应 Rochester 灌区自流灌溉的用水、私人灌溉取用水，也包括供给城市、工业和牲畜的用水。上述统计中 Rochester 灌区也包含在内，这是因为该灌区位于坎帕斯皮河流域内，但其用水主要来自古尔本河流域的 Stuart 墨累渠道和 Cattanach 渠道的调水。

坎帕斯皮河流域的总取水量是 74GL，其中 6.4GL 的水量通过坎帕斯皮河流域的水泵供给瓦兰加西部渠道，这包括 4.3GL 坎帕斯皮灌区的暂时性水交易和 2.1GL 的非控制水资源性补给。坎帕斯皮河流域《永久水权转让协议》批准古尔本—墨累河流域每年分别提供 24.7GL 和 4GL 的管制水资源和非管制水资源。

坎帕斯皮河流域从 2000 年 5 月开始实行永久水权政策。

坎帕斯皮河流域取水低于 2002/03 年的取水限额目标值，然而从近几年累积来看超过了多年目标值。

5.6　Wimmera-Mallee（威默拉—麦里河）

2002/03 年是威默拉—麦里河流域历史上水资源最为紧张的年份之一。

威默拉—麦里河流域委员会确定 2002 年需要给农场提供 50%的水坝蓄水以保证家庭和牲畜冬季用水，因为他们考虑到如下关键性因素：

- 2002/03 年从 5 月开始，水库蓄水量仅为 146GL（占库容的 19%）；
- 2001/02 年仅对农场 33% 的水库蓄水导致农场严重缺水；
- 如果在 2002/03 年继续仅 33% 的水库蓄水，且 2003/04 年继续干旱，这些水甚至无法保证居民用水；
- 如果 2002/03 年比较干旱，给 50% 的水坝蓄水，威默拉—麦里河流域的水库就可以在 2003/04 年为城市紧急供水。

威默拉—麦里河流域入流量很低，连续 5 年都低于威默拉—麦里河流域的平均入流量，2002/03 年达到新低，仅高于 1903 年有纪录以来的最低入流量。2002/03 年蓄水量一直在减少，到 2002 年年底只有 77GL（占可蓄水量的 10%）。

由于蓄水量很低，夏季的供水进行了严格限制。采取了如下的措施：
- 水资源只能用于家庭和牲畜用水；
- 灌溉用水为零，这在历史上是第一次；
- 灌溉区的用户分配的水资源只能用于家庭用水和牲畜用水，这和其他用户一致；
- 威默拉河流域灌区用户连续第三年被禁止取水灌溉；
- 环境流量分配了 1000ML 的水资源用于保持格莱内尔和威默拉河流域的高价值区域，这只是环境流量水权的 3%；
- 格莱内尔河流域分配的补偿流是零。

这些限制措施为威默拉—麦里河流域的水库保存了足够的水量，可保证 2003/04 年的冬季用水，从流域的取水量共为 63GL。

2002/03 年夏季的气温比往常要高，这导致水库的蒸发损失量偏大。

即使在温和的气候条件下，水库的蓄水量也在一直下降，故为 2003 年冬季制定了取水计划，计划的主要策略如下：

- 把渠道引水时间延后，通常在每年 5 月开始引水，渠道引水时间延后可以将早期的入水量存入水库中，至少可以解决家用水窖的补水问题；

- 如果气候比较干旱，只能进行城市蓄水库的补给；

- 如果只能给城市蓄水库补水，威默拉—麦里河流域需要实行 Water Carting Program 来保证流域居民的生活用水。

2003 年 5 月，威默拉—麦里河流域的水库蓄水量只有 47GL（库容的 6.1%），远小于 2002 年同期的 146GL（库容的 19%），这个水量几乎不能满足威默拉—麦里河流域紧急供水计划的需要。

用于威默拉—麦里流域的取水限额估算模型仍在发展完善中。由于管道输水减少了运输过程中水量的损失，再加上干旱导致可供分配的水资源量较少，所以流域取用水量仍然在取水限额内。

威默拉—麦里河流域的永久水权政策已经基本完成。

5.7 Kiewa（基沃河）

基沃河流域水系的总取水量为 12GL，占可取用水量 16GL 的 76%。在评估取水限额满足率时基沃河流域是墨累河/基沃河/奥文斯河流域的一部分。基沃河流域的取水量低于 2002/03 年的取水限额目标值。

基沃河流域的径流管理草案正在筹备中。

5.8　Ovens（奥文斯河）

　　由于极端干旱的天气条件，奥文斯河、King 和 Buffalo 流域开始对城市和灌溉用户实行用水限制措施。William Hovell 湖在 2002 年 9 月发生外溢事件，Buffalo 湖由于大坝安全的需要在 2002 年 12 月只能按其容量的 86%蓄水。由于入水量较少，流域蓄水量开始减少的时间比往年都要早。Buffalo 湖和 William Hovell 湖从 2002 年 12 月开始计算的入水量比历史最小纪录还要小。

　　奥文斯河流域的取水量是 32GL，占 2002/03 年可取用水量 57GL 的 56%。奥文斯河流域开发了一个回归模型来计算取水限额目标值。在评估取水限额满足率时奥文斯河流域是墨累河/基沃河/奥文斯河流域的一部分。奥文斯河流域的取水量低于 2002/03 年的取水限额目标值。

　　奥文斯河流域在 2002/03 年继续发展完善永久水权政策，该政策计划于 2004/05 年完成。

5.9　Murray (Including Mitta Mitta)
　　　墨累河（包括米塔—米塔河）

　　墨累河流域和米塔—米塔河流域的自流灌溉用户最初的分配水量为水权或许可证的 100%，并且可将水权的 29%进行交易。墨累河流域私人取水者最初分配的水资源是水权的 100%，这是 2002/03 年的最大分配水量，并且是墨累河流域分配水量最低的一年。

在 2002 年 8 月维多利亚州灌溉季节初期，休姆水库和 Dartmouth 水库的蓄水量分别为库容的 31%和 78%。休姆水库在 2002/03 年的蓄水量没有增加。Dartmouth 水库在 2002 年 8 月的蓄水量达到库容 84%的高峰。

墨累河流域在维多利亚州提供的可取用水资源量是 1770GL，实际取用水量为 1723GL。

墨累河流域的永久水权政策从 1999 年 7 月开始实行。

为了评估取水限额满足率，墨累河流域被纳入墨累河/基沃河/奥文斯河流域系统中。由于较低的水资源分配量，墨累河流域的取水量低于 2002/03 年的取水限额目标值。

第6章 2002/03 年南澳大利亚州用水总结

6.1 概述

南澳大利亚州取水涉及以下四个地区：

- 阿德莱德首府及其农村地区；

- 乡村城镇；

- 墨累河下游沼泽区；

- 墨累河取水的其他用途（高地地区）。

2002/03 年，除乡村城镇地区外，其他地区从墨累河的取水量均在取水限额之内。由于乡村城镇地区出售了其用水量，而本年的分配水量又没有增加，因而 2002/03 年乡村城镇地区的取水量超过取水限额量 0.2GL。但是从 1997 年以来的取水累积信用额度来看，乡村城镇地区有 56GL 的取水信用额度，因而不会触犯进行特别取水审计的警戒线。

本章将讨论 2002/03 年南澳大利亚州的取水影响因素和今后的水管理行动框架。

6.2 用水影响

2002/03 年南澳大利亚州的用水量处于比较高的水平。

2002/03 年，南澳大利亚州气候干燥，夏季平均温度维持在 30℃以上，降雨量少和干旱条件提高了水的利用率。预留水权的增加也导致了南澳大利亚州用水量的增加，这种现象尤其体现在南澳大利亚州高地地区。高地地区的高蒸发量已经超过降雨量，成为影响南澳大利亚州灌溉的主要因素。2002/03 年，南澳河地区的降雨量小于 300mm，并且降雨主要发生在冬季。南澳河地区夏季的降雨总量不是影响用水量的非常重要的因素，这是因为灌溉制度与降雨时间和强度有关，夏季（作物生长期）降雨时间太短或降雨强度太小则会对作物生产效益产生很大影响。2001/02 年的降雨量年内分布相对均匀，在夏季季初和季末都有比较大的降雨，这样就使得的南澳大利亚州的取水量低于403GL。相对 2001/02 年来说，2002/03 年的取水量则达到 434GL。

阿德莱德首府及其周边地区的供水水源为山谷集水区域和墨累河流域。每年从墨累河流域的取水量都受 Lofty 山区天气条件的影响。从 2001/02 年开始，本地集水区范围内的水库流入量开始减少，从而导致了从墨累河流域取水量的增加。

6.3　Metropolitan Adelaide and Associated Country Areas（阿德莱德及其农村地区）

阿德莱德地区取水量 5 年滚动累积限额不超过 650GL。2000/01 年阿德莱德地区的取用水量为 165GL，是 1999/2000 年取水量的两倍，创下该地区近些年取水最高纪录。2001/02 年前 4 年的取水量分别如下：

- 2001/02 年，取水量为 82GL，考虑特殊许可临时交易量-12GL，因此该地区对应取水限额的取水量为 70GL；

- 2000/01 年，取水量为 104GL；

- 1999/2000 年，取水量为 139GL；

- 1998/99 年，取水量为 153GL。

截至 2002/03 年，本地区的 5 年累积取水量为 642GL，包括 2001/02 年 12GL 的交易出水量和临时 11GL 的交易入水量。为保持阿德莱德滚动取水限额的完整性，阿德莱德地区的临时交易已计入"第一次使用"水权许可。

6.4　Country Towns（乡村城镇）

2002/03 年，南澳大利亚州乡村城镇地区的取用水量为 39.2GL，相对年取水限额 50GL，偏低 10.8GL。由于该地区出售给阿德莱德地区 11GL 的水量，2002/03 年南澳大利亚州乡村城镇地区的取水限额变为 39GL，这就导致本地区的取水量相对其取水限额超过了 0.2GL。但从 1997 年 1 月以来的取水累积信用额度来看，乡村城镇地区有 56GL 的取水信用额度，因而不会触犯进行特别取水审计的警戒线，在取水限额管理规定之内。

考虑到水权交易管理和计量，南澳大利亚州将确保以后不会发生这种情况。

6.5　Lower Murray Swamps（墨累河下游沼泽区）

2000 年 10 月，流域委员会完成了墨累河下游沼泽区取水限额模型的修订，并对沼泽区取水限额进行了重新评估和确定。墨累河下游沼泽区暂时取水限额在 1993/94 年定为 83.4GL，由于该地区出售了部分水权，到 1999/2000 年其取水限额减小为 79.1GL。

2000 年 10 月，在独立审计委员会会议上，独立审计委员会通过了墨累河下游沼泽区取水限额模型的计算结果，在考虑该地区已经出售的水权因素后，确定墨累河下游沼泽区的取水限额为 103.5GL。这一数字相当于最佳灌溉量，将通过复垦计划逐步实施。

开垦沼泽区的用水量等于其分配水量，随着流量计的安装，这一数字将会发生改变。

墨累河下游沼泽区 2002/03 年的用水量为 98.9GL。

6.6　墨累河取水的其他用途（高地灌溉）

2002/03 年墨累河流域高地灌溉的取水量为 434GL，低于考虑水权交易调整后的取水限额目标 449GL。

相对 2001/02 年 403GL 的取水量，2002/03 年的取水量大幅度增加。取水量增加的因素包括：部分临时水权的交易、气温、蒸散发和作物生长期的降雨量。预留水权的增加也是可能导致取水量变化的因素之一。

6.7　今后的水管理措施

南澳大利亚州致力于改进计划和推动墨累河的水资源可持续管理，其措施主要包括以下方面。

- 制定和实施《地方行动计划》和《土地与水管理计划》来涵盖南澳大利亚州墨累河流域，并与本地区的广大社会团体协调，以确保改善灌溉实施和农场管理技术。

- 在执行《地方行动计划》时，建立墨累河流域水资源管理委员会和地方行动计划组织伙伴关系。

- 执行墨累河流域水资源管理委员会通过的《流域水量分配方案和实施计划》。

- 开发新的许可制度来提高审计能力。第一步，用户需求分析、流程和数据模型的开发、原型系统的开发和测试已于 2000 年完成；第二步，整个系统协议方面的开发从 2002 年年初开始，预计 2003 年年底完成。

- 继续恢复高地地区灌溉面积，减少系统损失，并提高灌溉效率。从整体来看，只有洛克斯顿灌溉面积还有待修复，预计于 2003 年 12 月完成相关工作。

- 在沼泽灌溉区安装计量系统，并执行调整后的水分配和灌溉管理制度。

- 开展对种植者教育计划。

第7章 2002/03年昆士兰州用水总结

7.1 概述

为了加强水资源的可持续管理，昆士兰州继续在州内的每个墨累—达令的子流域出台了水资源规划和资源运转规划。这些规划基于最新的科学进展、可用信息及2000年水行动商议的结果。

这些水资源规划是为了取得用水与环境的平衡，在保证用水安全的同时也保证河流的生态用水。鉴于这些规划最初只关注地表水资源，此后的一些规划设想为了对地下水资源承受能力进行改进，将地下水也列入重点考虑。

2003年12月10日，边界河、穆尼河、沃里戈河、帕鲁河、布鲁河和尼拜恩河流域的三个水资源规划方法的最终执行是具有里程碑意义的事件。这些规划现在已经成为"水行动2000"的附属法规。这些规划是2002年6月8日的草案经过大众的广泛讨论之后，考虑了400多条正式意见和边界河流域领导的意见之后最终达成的。

2003年12月3日，康达迈恩河/巴朗河流域的水资源规划草案出台，并广泛征求意见。这个草案在历时多个月的向典型性流域的用水户咨询后，参考由CULLEN教授领导的科学审查小组在对当前和未来巴朗河下游流域生态状况评价的科学报告上的意见，结合巴朗河下游的新南威尔士州的用水户和牧场主等流域相关人员的意见，最后由 CULLEN 教授和他的团队在综合以上几点意见后做出的结论并经广泛的水文水力学模拟之后出台的。

规划草案征求意见的截止日期为 2004 年 3 月 19 日，草案综合参考所有的、广泛的团体咨询协商，这些协商包括对象团体的简要指示和大宗的专题讨论会。在大众讨论会上提出的各种意见会在规划的最终版中予以考虑。2004 年最终版的康达迈恩河/巴朗河流域水资源规划会出台。

一般来说，水资源规划报告综合了长系列取用水与环境用水的战略性建议，涵盖对现存水资源配置的改变、对地表水的开发和监测，并设定了规划报告需求。对授权取用水的限制形式包括最大取水速率、取水量等。非备用和家庭用水的地表水资源开发将按照 1997 年的"综合规划行动"进行开发控制。另外，考虑到保护规划成果的必要性，该规划将向地表取水户提供用水许可证。

对昆士兰州的墨累—达令河流域的资源执行规划和水资源规划草案同时出台。这个执行规划是水资源规划的应用阶段，涉及如下内容：用水许可证的买卖条例；为了达到水资源规划中保证环境和用水安全的规定结果而实行的分水、基础设施的运行、水贸易和环境管理的条例；水和自然生态系统的监测和需求报告细则。公众与提供建议的对象群体对执行规划中的观点磋商在 2003 年会取得进展，预计在 2005 年，执行规划最终方案会出台。

与此同时，继续暂缓执行墨累—达令河流域整个昆士兰州部分新的取水许可，或者说，继续暂缓执行墨累—达令河流域整个昆士兰州部分水资源（包括地表径流）的取用直到水资源规划和水资源执行规划最终出台。

更多关于每个昆士兰州的墨累—达令河子流域的水资源规划细节概述如下。

1. 康达迈恩河/巴朗河

水资源规划草案关于康达迈恩河/巴朗河流域的关键部分包括如下方面。

（1）没有附加的水量分配用于该流域的农业灌溉用水。

（2）一个基于时间的河流生态用水分配规则。

（3）在巴朗河下游，要进行如下改进：

- 保证 Beardmore 坝以下河流在断流期之后有少量流量；

- 洪水效益；

- 增加对 Narran 湖的补给频率；

- 在巴朗河下游，为了对科学审查小组定义的四个关键生态供水（巴朗河下游主河道和支流水生动物、相关湿地、Narran 湖、Culgoa 国家冲击洪泛平原公园），将减少日常取用水量；

- 增加向其他环境重要性较小的流域的径流补偿；

- 限制"休眠"用水许可来降低其对规划发展和生态结果的影响；

- 在一个五年期间，在巴朗河下游减少 5%的蓄水引水；

（4）地表水取水许可的地表水规章。

（5）度量取水并监测径流和地表水生态系统来保证其符合规划的结果。

（6）建立水咨询委员会来增加大众意识并让大众参与水资源的管理。

2. 边界河

边界河流域的最终水资源规划有一个共同的终端径流目标，该目标使得边界河流量不低于还原流量的 61%（还原模拟结果）。这个目标取代了之前的还原流量 60%的目标及 1999 年 11 月径流目标。

最终规划确认了为斯坦郡每年提供 5000ML 的战略储备，这其中包含了 1500ML/年的城镇用水及 3500ML/年的农业灌溉用水和工业供水。

昆士兰州和新南威尔士州继续就建立一个联合管理协议来管理水资源共享和生态流量、交易和监管边界河流域取水权进行努力。边界河流域常务委员会通过并经边界河流域部长论坛同意的一套规范已经形成并作为以上协议的基础。这个协议将是边界河流域可持续发展和共同管理的基础。

由公众及昆士兰州和新南威尔士州两个州的用水户代表组成的州际间的水管理工作组已经成立，并对这两个州流域管理的发展和应用提供了意见。这个州政府间的协议将同新南威尔士州的水配置规划法规和昆士兰州的资源执行规划一同发展。两个州之间的水配置经边界河流域常务委员会和部长办公室批准后将在每个州的法规上生效。

3. 穆尼河

带有终端径流目标的穆尼河流域水资源规划草案最终定稿。在规划里，最终河流流量至少为昆士兰州—新南威尔士州边界还原流量的 70%。在目前的情况下，流域出口处径流为还原径流的 77%。

穆尼河流域水资源规划允许增加现在的水权使用，包括"休眠"用水许可证，增加 100ML/年城镇用水和 1100ML/年其他用水的战略储备。对战略储备水资源量的分配和管理是自愿执行规划过程的一部分。

4. 沃里戈河/帕鲁河/布鲁河/尼拜恩河

沃里戈河/帕鲁河/布鲁河/尼拜恩河流域的最终水资源规划确定将继续保持相对较低的水资源开发和较高水平的终端径流。

最终水资源规划确认了草案建议的流域出口径流目标。以下为在昆士兰州—新南威尔士州边界的流域出口还原径流百分比：

- 沃里戈河流域为 89%；
- 帕鲁河流域为 99%；
- 布鲁河流域为 99%；
- 尼拜恩河流域为 87%。

另外，流域出口径流与模拟还原径流的百分比如下：

- 沃里戈河流域为 96%；
- 帕鲁河流域为 99%；
- 布鲁河流域为 99%；
- 尼拜恩河流域为 93%。

最终方案在具有重大生态意义的帕鲁河流域和布鲁河流域维持了接近天然状态的径流，将战略储备限制到每个流域均 100ML/年用于城镇用水、生态旅游用水或相似的目的，布鲁河流域 500ML/年用于任意目的用水（注：布鲁河流域为墨累—达令河流域的一部分）。

在沃里戈河和尼拜恩河流域，规划允许增加现存取用水许可（包括"休眠"的用水许可证）和每个流域 100ML/年用于城镇用水、生态旅游用水或相似的目的。

另外，最终规划确认了沃里戈河流域 8000ML/年的战略储备，尼拜恩河流域 1000ML/年的战略储备用于任何目的，包括为未来地表径流开发提供支持。

5. 水资源利用效率

昆士兰州通过一系列政府、工业和社区的措施，继续提高城镇和农村各用水部分的用水效率。另外，为了达到提高用水效率和降低管道漏渗率的战略目标，水资源循环和再利用、需求供水和水权交易等办法作为地区水资源战略的一部分正在不断发展。

昆士兰州政府在 2003 年发布了提高农村水资源利用率的倡议，在未来两年将投入不低于 750 万美元用来提高农村水资源利用率。这些措施是在原计划 2003 年 12 月截止的四年投资 4100 万美元的项目基础上追加的，此项目完成了在昆士兰州范围内每年额外提供 180GL 农业用水的目标。

这个项目主要目的如下：

- 通过提高水资源利用效率增加产出和经济利润；

- 对环境的影响较小；

- 开发可持续性更好的农村用水系统。

这个倡议的四个主要部分如下：

- 采用项目（包括研究开发项目）提高农场水资源利用效率；

- 减少从水库到农场的渠道系统水耗；

- 对取得最好的灌溉用水管理项目给予财政奖励；

- 减少灌溉用水和管网的损失。

在接下来的两年里，大约 460 万美元已经预留出来，其中 160 万美元作为对灌溉用水管理实践最好的项目的财政奖励，这包括用于提高用水效率、改善供水设施和系统的费用。另外，每年将有额外的 30 万美元用于与未来农业合作研究中心的研究开发。

昆士兰州棉织工业已经在墨累—达令河流域昆士兰州部分建立了 3 个用水效率建议员。因此，公众和工业企业在这方面的意识及随之而来的行动都得到了改善。棉织工业给自己定了一个通过提高水资源管理措施让 70%的种植者有 10%改善的目标。

7.2 河道径流和用水概述

昆士兰州对 2002 年 10 月 1 日至 2003 年 9 月 30 日的用水和河道径流做了汇报。

对 2001/02 年及 2002/03 年的降雨观测发现，墨累—达令河流域在昆士兰州大部分的降雨量都低于多年平均降雨量，尤其是在 Granite Belt 流域及其西部地区，降雨量只有往年的 2/3。在 2002/03 年开始时，该流域昆士兰州部分的大部分水库水资源量只有库容的 50%，并且 2002 年整个冬天只有少量甚至没有径流。在 2002/03 年年初，位于康达迈恩河流域上游的 LESLIe 水库是个例外，水资源量占其库容的 10%。康达迈恩河流域的河道外蓄水在 2002/03 年年初水资源只有大约 30%的库容，而巴朗河流域下游非常干旱。边界河流域的昆士兰州部分稍微好点，也只有 60%的库容，在 2002 年 4 月只能满足一部分供水。

2002/03 年观测的低降水量除了反映在远低于多年平均流域的沃里戈河流域，同样反映在整个流域上。

边界河流域在 GOONDIWINDI 断面的流量只有长时间年平均径流量 1047GL 的 20%。

康达迈恩河/巴朗河流域的流量比 2001/02 年稍微好点，但是在 ST George 断面以下总径流量还是比多年平均年径流量 1103GL 低 10%，流域上游通过 Chinchilla 的总流量只有近似可忽略的 1.7GL，而多年平均流量为 561GL。

穆尼河流域的流量与 2001/02 年的低纪录近似持平，总径流量比多年平均径流量 143GL 少 10%。

沃里戈河流域的流量与 2001/02 年持平，总量为多年平均年径流量 389GL 的 80%。

帕鲁河流域的流量只有多年平均年径流量 529GL 的 12%。

非常低的径流量导致墨累—达令河流域在昆士兰州的部分创造了自 1993/94 年以来的第二低用水纪录，估计引水量只有 65GL。自 1993/94 年以来的引水量如表 7-1 所示。

表 7-1　1993/94 年以来昆士兰州的引水量

年　份	引 水 量（GL）
2002/03 年	214
2001/02 年	341
2000/01 年	688
1999/00 年	541
1998/99 年	608
1997/98 年	741
1996/97 年	467
1995/96 年	520
1994/95 年	176
1993/94 年	338

7.3　Condamine-Balonne River（康达迈恩河/巴朗河）

1. 康达迈恩河

Chinchilla 水库上游的康达迈恩河水量有限，只在 2003 年 2～3 月有一次小洪水过程。在 Dalby 上游的 Cecil 平原的洪峰流量为 2000ML/天，它的蓄水量和流入 Chinchilla 水库的水量都非常有限。Chinchilla 上游的引水量较小，低于 4GL，Chinchilla 水库的蓄水能力增长为 5GL；Chinchilla 水库以下水流被限制为泄水补偿水量。

从河道增补水量中引水是受限制的，2002/03 年年初的供水计划中并没有为灌溉分配水量。Chinchilla 水库上游的供水计划中确定蓄水年内持续下降，只从自然水流中引了极少量的水。2003 年 3 月入流较小，Chinchilla 的供水量因而也更小，分配水权提高到了 25%。两个计划的总引水量稍高于 2GL，而总水权为 26GL。

灌溉用水量没有增长，总量为 11GL，超过 50%的水汇入 Toowoomba 的出流中，一部分排入河道供下游拥有取水许可的用户灌溉使用。长时间的干旱状况对灌溉有很大的影响，一些地方严格地控制用水以保证支流的河道基流量。城市、工业和畜禽的用水总量为 6GL。

2. 巴朗河

巴朗河流域下游得益于 2003 年 4 月流域西北部的一次大的降雨过程所带来的较大的洪水。巴朗河汇入 Beardmore 水库的水量峰值达到 30000ML/天，蓄满了 Beardmore 水库，并向下游泄流近 89GL。圣佐治下游洪峰流量稍低于 18000ML/天。其中，总蓄水量为 36GL，Chinchilla 和 Beardmore 河段蓄水量为 5GL，Beardmore 下游蓄水量为 31GL。

Beardmore 水库在 2002/03 年开始时蓄水量低于其库容的 50%，在 2003 年 4 月几乎从空库蓄满。圣佐治只有小部分的供水属于分配水权，另外，蓄水和输水过程中的损失也归于个人账户，而不是把它分离开作为储水量的一部分。在 2002/03 年年初的干旱及巴朗河的极端干旱状况下，巴朗河下游的大多数的水权拥有者选择季节性地分配上游来水到临近水坝的灌溉区域内，以降低干枯河道中的输水损失。巴朗河流域计划全年总引水量为 60GL。

巴朗河的灌溉增补量较小，Beardmore 坝上游的引水量被限制为 1GL 左右，城市、工业和畜禽用水约为 3GL。

7.4 Border Rivers/Macintyre（边界河/麦金太尔河）

边界河流域 2002/03 年没有比较重要的蓄水过程，最大的洪水发生在 2003 年 2 月，洪峰流量为 18GL/天，但在极端干旱的情况下并没有蓄水，而是用于缓解下游南威尔士州的供水压力。昆士兰州在这次洪水过程中只增加了有限的蓄水量。在 2003 年 5 月的一次小洪水过程中，流域下游部分的蓄水更加受限。麦金太尔河流域内昆士兰州部分的全年引水量约为 16GL。

Goondiwindi 河流域的年径流总量为 239GL，Goondiwindi 河流域下游的 Weir 河增加了少量的入流（3GL）。Goondiwindi 河流域的年均径流量为 1047GL。

Dumaresq 水管理部门做了连续的规划，不仅仅是限于分配水权。Stanthorpe 附近的 Glenlyon 水库年初的水储量稍低于蓄水能力的 50%，与个别的储量处于相同水平。Glenlyon 水库 2003 年没有入流，2003 年年底时昆士兰州分配了 3GL 的剩余水量。Inglewood 附近的 Coolmunda 水库为麦金太尔河供水，年初水量约为蓄水能力的 55%，分配水量为 60%，2003 年 2 月一些小的入流使其蓄水量增长到了 85%。Coolmunda 水库年终时其蓄水量也接近了临界水平。两个供水计划全年共用水 57GL。

水平衡中引水包括没有增长的灌溉用水（少于 2GL）及城市、工业和畜禽用水 3GL。由于持续很长时间的干旱状况，因而没有增加灌溉用水。流域全年严格控制了蓄水以尽可能地保护自然水流和河道基流。

7.5 Moonie River（穆尼河）

穆尼河流域在 2002/03 年有几次小的洪水，在流域中游洪峰流量达到了 1500ML/天，但在昆士兰州与新南威尔士州交界处上游的 Fenton 水文站的流量锐减到了 600ML/天以下，流域内蓄水量的增长还是有限的。在有限的蓄水条件下，穆尼河流域 2002/03 年的引水大概发展到了 5GL。

2002/03 水文年 Fenton 站过流净水量为 9GL，此站多年平均过流量为 143GL。

穆尼河流域没有增补供水计划，因而灌溉用水没有增加，流域内城市、工业和畜禽用水也低于 1GL。

7.6 Warrego River（沃里戈河）

沃里戈河流域的大部分水情与 2001/02 年相似。2003 年 2 月有一次洪水，这次洪水总水量为 308GL；2003 年 6～7 月有一次小洪水，带来了 4GL 的水量。沃里戈河流域年引水量估计为 4GL，储水量约为 12GL。

2002/03 年年初，Cunnamulla 供水规划达到了分配水权的 55%，在 2003 年 2 月的洪水过程中分配水权上升到了 100%。流域总引水量低于 2GL，总取水量为 2.6GL。

2002/03 年穆尼河流域灌溉水量没有增加，流域内城市、工业和畜禽用水量低于 1GL。

7.7　Paroo River（帕鲁河）

帕鲁河流域较大的洪水也发生在 2003 年 2 月，昆士兰州与新南威尔士州交界处上游的 60km 处的 Caiwarro 水文站的水量超过 45GL。帕鲁河流域剩下的大部分时间持续保持低流量状态，经过 Caiwarro 水文站的总水量为 60GL，而该站多年平均流量值为 555GL。

帕鲁河流域的蓄水量没有增多，灌溉水量增长极小。

第 8 章　2002/03 年澳大利亚首都
特区用水总结

8.1　澳大利亚首都特区用水概述

澳大利亚首都特区 2002/03 年夏季因为干旱和炎热，用水量高于平均水平。因城市供水从蓄水的取水量接近 66GL，由污水厂返回河道的水量共 31GL，城市总的耗水量为 35GL；再加上非城市用水约为 5GL，则耗水总量为 40GL。2002/03 年的用水量要远低于此气候条件下的预期值，主要是由于管理部门提前做了需求调节。2002 年 11 月 16 日，澳大利亚首都特区用水采取了义务形式的生活限制供水，2002 年 12 月 16 日，澳大利亚首都特区实行了强制性质的限制供水；2003 年 4 月 29 日开始了 2级限制供水；2003 年 10 月 1 日实行了 3 级限制供水，这与之前公布的方针相一致。供水限制降低了城市需水的 15%、25%和 40%。同时，城市供水方 ACTEW 也与重要的非生活用水方达成需水管理的协议。由于采取了用水限制和义务协议，城市供水需求大大降低。

8.2　澳大利亚首都特区水改革的发展

在 1998 年的"水资源行动"中，澳大利亚首都特区开始实施水管理。"水资源行动"是在 1994 年"COAG 水改革"后起草的，并有效地贯彻了 1994 年"COAG 水改革"的思想。除了在历史用水基础上确定了临时水权分配外，"水资源行动"已经实施了。临时水权分配主要以种植面积与总面积的关系为依据进行确定，在确定前种植面积和总面积都经过了精确测量。

测量设备的确定和测量过程中出现的问题延误了部分水权的分配，全部水权分配的确定预期在 2003/04 年可以完成。

澳大利亚首都特区政府深知，一方面需要降低水需求的增长，另一方面还需要维持工业水平以保证经济增长。但是，澳大利亚首都特区的水资源有限，因此政府的首要任务是高效地利用现有的水资源。

基于水资源可持续利用的重要性，澳大利亚首都特区议院在 2002 年 6 月 5 日通过了一项有关水管理的提议，明确了政策方向。提议表示：

- 澳大利亚首都特区应尽量避免建设新的供水大坝；

- 经由马兰比季河流出澳大利亚首都特区的水质不得低于进入澳大利亚首都特区水体的水质；

- 应保持澳大利亚首都特区河道内充足的水量以维持其环境价值。

澳大利亚首都特区为 2003/04 年的水资源战略发展做好了准备，此战略将在 2003/04 年上半年完成。

8.3　澳大利亚首都特区取水限额的建立

澳大利亚首都特区政府承诺参与 MDBC 的取水限额，并积极支持澳大利亚首都特区取水限额制度的建立。取水限额制度建立的讨论重点在于限额和可交易额度的确定，澳大利亚首都特区的取水限额为 38～61GL。澳大利亚首都特区州长、澳大利亚首都特区环境部长 Jon Stanhope 先生在 2003 年墨累—达令流域部长会上进一步强调了这一承诺；他反对 38GL 的取水限额，指出澳大利亚首都特区需要提出更多的准则，在考虑澳大利亚首都特区取水限额的时候需要充分考虑这些准则；Stanhope 先生还提出了以与新南威尔士州的协议为基础的取水限额的方向。随后，举行了以与新南威尔士州协议为基础的澳大利亚首都特区取水限额的政府级别的探讨会。

第9章　墨累—达令流域水交易

墨累—达令流域这些年水交易额不断增长。政府鼓励水交易，因为这样可以使用水从低产出的灌溉用途转向高经济产出的用途；同时还可以产生环境效益，因为灌溉效率提高之后，管理者就可以为更有效的输水系统投资，这将提高用水退水量，从而减小下渗量。

水交易最初是在限制灌溉系统内交易的；但随后，交易规则发生了变化，水交易允许在流域内进行；最近，州际的水交易也可以进行了。这些年，澳大利亚政府部门共同致力于减少水权的差异，为日益增长的州际水权交易做准备，这些也是澳大利亚政府委员会（CAG）1994年进行水市场改革的一部分。

水交易对取水限额的实施是有影响的。水权交易影响了水管理者的分配额，流域内和州际水权交易影响了个别流域的限额目标。所以，收集水交易的数据并出版《取用水审计监测报告》是很重要的。

表9-1详细列出了2002/03年墨累—达令河流域内水交易额及流域间和州际的水交易净额。

表 9-1 2002/03 年墨累—达令河流域内水交易额及流域间和州际间水交易净额

系　统	永久性水权转让				临时性水权转让				
	永久性水权售出量 (ML)	流域间净交易额(不包括州际交易)(ML)	州际净交易额 (ML)	调整取水限额的永久性交易 (ML)	临时水权售出量 (ML)	流域间净交易额(不包括州间交易)(ML)	州际净交易额 (ML)	调整取水限额的临时交易额 (ML)	调整取水限额目标的临时及未利用的永久性交易 (ML)
边界河	0	0	0	0	15783	0	-13499	-13499	-13499
圭迪尔河	0	0	0	0	48354	0	0	0	0
纳莫伊河/皮尔河	6	0	0	0	34055	0	0	0	0
麦夸里河/卡斯尔雷河/博根河	383	0	0	0	4205	0	0	0	0
巴朗—达令河	0	0	0	0	0	0	0	0	0
拉克兰河	52	0	0	0	23428	0	0	0	0
马兰比季河	9734	0	0	0	18635	0	0	0	0
达令河下游	3343	0	0	0	198023	-14789	300	-14489	-14489
墨累河	9731	0	283	254	275562	14789	21297	36086	36369
新南威尔士州合计	23249	0	283	254	618046	0	8098	8098	8381

新南威尔士州

续表

系统	永久性水权转让				临时性水权转让				
	永久性水权售出量（ML）	流域内净交易额（不包括州间交易）（ML）	州间净交易额（ML）	调整取水限额的永久性交易（ML）	临时水权售出量（ML）	流域内净交易额（不包括州间交易）（ML）	州间净交易额（ML）	调整取水限额的临时交易额（ML）	调整取水限额目标的临时及未利用的永久性交易（ML）
古尔本河	8605	-940	0	-1213	81078	26764	783	27547	0
布洛肯河	122	0	0	0	4701	0	0	0	0
洛登河	3972	-1018	0	1313	36110	-15310	471	-14839	0
古尔本河/布洛肯河/洛登河	12699	-1958	0	784	121889	11454	1254	5726	6334
坎帕斯皮河	963	2566	0	0	29163	-6982	0	0	0
威默拉—麦里河	0	0	0	0	0	750	0	0	750
基沃河	179	0	0	0	1763	0	0	750	0
奥文斯河	73	0	0	0	3149	0	0	0	0
墨累河	11553	-608	-403	-1147	123631	-5222	-11206	-16428	0
基沃河/奥文斯河/墨累河	11805	-608	-403	-1147	128543	-5222	-13850	-19072	0
维多利亚州合计	25467	0	-403	-362	401481	0	-13850	-19072	-20083

维多利亚州

续表

系统	永久性水权转让				临时性水权转让				
	永久性水权售出量（ML）	流域间净交易额（不包括州间交易）（ML）	州间净交易额（ML）	调整取水额度的永久性交易（ML）	临时水权售出量（ML）	流域间净交易额（不包括州间交易）（ML）	州间交易额（ML）	调整取水限额的临时交易额（ML）	调整取水限额目标的临时及永久利用的未利用的永久性交易（ML）
南澳大利亚州									
阿德莱德及其农村地区	0	0	0	0	0	11000	0	11000	11000
墨累河下游沿泽区	0	0	0	0	400	-400	0	-400	-400
墨累河下游其他地区	0	0	0	0	11000	-11000	0	-11000	-11000
墨累河取水的其他用途	13477	0	120	108	62800	400	-9001	-8601	-8481
南澳大利亚州合计	13477	0	120	108	74200	0	-9001	-9001	-8881
昆士兰州									
康达迈悬河/巴朗河	0	0	0	0	3165	0	0	0	0
边界河	0	0	0	0	2845	2940	13499	16439	16439
麦金太尔溪	0	0	0	0	2940	-2940	0	-2940	-2940
穆尼河	0	0	0	0	0	0	0	0	0
沃里戈河	0	0	0	0	0	0	0	0	0
帕鲁鲁河	0	0	0	0	0	0	0	0	0
昆士兰州合计	0	0	0	0	8950	0	13499	13499	13499

续表

系统	永久性水权转让				临时性水权转让				
	永久性水权售出量（ML）	流域间净交易额（不包括州间交易）（ML）	州间净交易额（ML）	调整取用水限额的永久性交易（ML）	临时水权售出量（ML）	流域间净交易额（不包括州间交易）（ML）	州间净交易额（ML）	调整取用水限额的临时交易额（ML）	调整取用水限额目标的临时及未利用的永久性交易（ML）
澳大利亚首都特区	0	0	0	0	0	0	0	0	0
整个流域	62192	0	0	0	980791	0	0	0	0

注：1. 永久性水权额调整（包括州间永久性水权交易交换率的调整）由每个流域的总取用水交易额交换计算（见附录A）。2. 临时性交易额的总取用水限额调整由每个流域的流域间和州间净交易额组成，按照引水限额登记表计算（见附录A）。3. 表中负值表示转出流域的交易，正值表示转入流域的交易（见附录A）。4. 维多利亚州的临时性水权转让包括水权和取水水量的临时交易。5. 阿德莱德首府及其有关农村区域的取用水限额是不可交换的，除非委员会特殊决定。6. 古尔本河/布洛肯河/洛登至河流域有因水交易进行取用水限额调整。

表 9-1 中，负值表示流域的转出交易，正值表示流域的转入交易。从表 9-1 中可以看出，与水交易的总量相比，2002/03 年流域间的交易额较小，州际的水交易更是微乎其微。流域的取水限额根据主要的协议转让水权的水量而计算，流域内永久性的水权转让将会使取水限额产生永久性变化；临时的交易只对交易双方年取水限额产生影响，所以水交易将会影响个别流域的取水限额，但是并不会增加整个流域的取水限额总量。

2002/03 年新南威尔士州、维多利亚州和南澳大利亚州的州际水交易仍在增长，然而由于新南威尔士州和维多利亚州在墨累流域内区域水资源的约束限制了水交易。

第 10 章　2002/03 年水资源利用量

10.1　水资源利用量

从向部长理事会提交的 1995 年《墨累—达令流域取用水审计报告》中可以发现，过去 5 年内用水户仅仅调用了授权水量的 63%（配置水量并没有严格受限于水资源利用量，甚至有些年份已经超过了水资源承载能力）。因此，需要强调的一个事实就是，国家的水资源配置系统已经演变为刺激流域水资源的开发利用，并且不适合在取水总量管理中强加限额式管理。

若要巩固实施取水总量限额管理，最关键的一步是不断调整管理措施使之与国家配置系统相融和。为确保取水总量限额管理实施的透明化，将每个流域的用水量与 2002/03 年审批的流域水资源利用量进行了比较（见表 10-4）。

流域水资源的配置方式是多样化的，同时，由于供水保障率与管理规范化程度的不同，州、流域与地区之间具有一定的差异性。水资源配置的类型总结如下。

10.1.1　限量分配

管制区域和非管制区域的用水户都拥有水权（见表 10-1），这些权利具体规定每年可调用的最基本水量，且有以下三个主要的种类。

（1）高保证率下的水权每年可用。

（2）未管制流域内的水权，在具有河道径流量时方可利用。

（3）正常保证率下的水权，依据年末制定的分配报告进行分配。该权利包括水权交易，是流域水权中最大的类别。对于这些权利，限量分配的水量由最基本的权利与年末制定的分配比例相乘得到。

10.1.2　连续性计量

边界河、圭迪尔河和纳莫伊河流域当前实行连续性计量措施。在这种管理体系下，用水户是独立的用水计量体系，这样可以计算水权利用的具体比例。当分配额度制定后，可利用水量减少时计量将会增加。任何年度的用水量都必须受限于可利用的授权水量。表 10-1 的第 3 列展示了连续性计量管理下的水资源利用量。

10.1.3　跨流域调水配置

暂时性的流域内调水将会增加调入流域内的配置水量，当然也就减少了调出流域的可分配水量。每个流域的净调水量如表 10-1 中的第 4 列所示。

10.1.4　2001/02 年的结余水量

在新南威尔士州的许多流域，结余水权是可以继续使用的。这使得先前年度结余的水量分配额度可累加到下个年度，直至取水上限。结余水权不同于连续性帐户管理，结余水权是以年为基准计算的，因而不具有时间连续性。在一些流域，当分配水量接近授权水量时，也就是利用率为 100% 的情况下，结余水权将会被取消。表 10-1 描述了结余水权叠加后流域的分配水量，2001/02 年的净结余水权量如表 10-1 的第 5 列所示。

10.1.5　配置时段外的用水和集水的取用

对于管制地区，灌溉用水户可以在储水丰富或者在不需要配置的时段从未管制的河道取用水，此段时期内的调水不计算入灌溉用水户的年分配水量额度内。对超过调水规模的调水事件还没有任何控制措施，目前只是利用事件的持续时间和授权水量上限对调水进行约束。近年来，在一些系统中也提出了定额管理措施，且年度限额也已经进行强制实施。南澳大利亚州已经撤销了不进行水资源配置的权利。

集水许可证在昆士兰州已经颁发使用。持有集水许可证的灌溉用水户受限于自身的最大取水量和可抽取的水量，而不是他们可调用的水资源量或种植面积。2000 年 9 月，昆士兰州发布禁令停止水库工程或其他调水工程的建设。虽然关于有效取水总量限额管理的基础性工程建设被禁止，但是集水可用于任何特定的事件中。

在新南威尔士州和昆士兰州，在不进行配置时段内的取水和从集水取用的授权水量中的可调水量假定等于实际取水量（见表 10-3）。

10.1.6 未管制流域内的区域许可

未管制流域内的一些权利只是规定在该地区可以灌溉，但并没有规定具体的引水量。通过许可地区面积与单位面积用水量相乘可以初步估算该地区的水资源利用量。

昆士兰州已经采纳了报告中关于计算未管制流域内引水量的方法（见表 10-3）。新南威尔士州正在不断努力使水权逐步取代区域许可。

10.1.7 灌溉系统漏损

在一些灌溉输送系统中，水权明确表明用水户有权利引水到农场。水管理当局规定，在输送过程中引起的水量漏损（发生在从河流的输水点到农场的运输过程中）不应该计算中水量分配额度中，因而需要额外增加分配水量来确定最终授权引水量。输送引起的损失水量如表 10-3 第 4 列所示。对于其他的灌溉输送系统（如新南威尔士州墨累的私有化地区）输送引起的漏损可享有补贴，该规定已经写入水权。

10.2　取水量与授权水量比较

表 10-3 的最后一列展示了在 2002/03 年授权水量完全利用的情况下可以取用的水资源总量（不需要配置，集水和区域许可的满足条件详见 10.1.5 节和 10.1.6 节）。表 10-4 将每个流域的用水量与授权水量进行了比较，负责取水的水资源当局提出了水资源利用率的概念。

计算维多利亚州流域的用水量时，每条河流的调水量必须依据从其他流域调用的水量值进行调整（其他流域的调水量见表 10-4 中第 2 列）。例如，维多利亚州流域的水资源在物理成因上是通过瓦兰加流域西部河道从古尔本河流域调到坎帕斯皮河和洛登河流域的。

预计取水量占授权水量的百分比每年都会上下浮动，这主要取决于气候水文条件和水资源利用量的变化程度。很典型的是，干旱年份分配水量的利用率比较高，而丰水年份恰恰相反，这个特点在流域南部地区的表现最为明显。同时，也可以预计到如果分配系统收紧将会阻碍取水限额的增长，则水量分配将会减少而水资源利用率将会增加。在这种情况下，2002/03 年流域水量分配中 92% 的水资源利用率高出了向部长理事会提交的 1995 年《墨累—达令河流域取用水审计报告》中的水资源平均利用率 63%，这是截至 1993/94 年 5 年的水资源平均利用率。2002/03 年的水资源利用率 92% 则是自从 1997/98 年实施取水限额管理以来的最高值，如此高的原因有两个方面：一方面归因于 2002/03 年是枯水年，水资源不丰富；另一方面则是与分配系统结合的结果。2001/02 年的水资源利用率是 83%，2000/01 年的水资源利用率是 73%，1999/00 年的水资源利用率为 69%，1998/99 年的水资源利用率是 71%，而 1996/97 年和 1997/98 年的水资源利用率相同，均为 76%。

表 10-1 2002/03 年的水量分配

流域	流域的基本授权水量[1]（GL）	管制流域内本年度的水权利用量[2]（GL）	本年度过度开采利用水量[3]（GL）	调入流域的配置水量[4]（GL）	2002/03年始的净结余水权[5]（GL）	流域内总配置水量[6]（GL）
新南威尔士州						
边界河[3]	266	23	137	−13	114	124
圭迪尔河[3]	528	18	225	0	207	225
纳莫伊河[3]	314	54	258	0	203	258
麦夸里河/卡斯尔雷河/博根河	683	50	—	0	382	432
巴朗—达令河[7]	518	0	—	0	0	0
下达令河	48	48	—	0	36	84
拉克兰河	665	95	—	0	167	262
马兰比季河	2774	1539	—	−14	195	1719
墨累河	2180	683	—	36	233	953
总计	7977	2511	620	8	1537	4056
维多利亚州						
古尔本河	712	449	—	28	0	477
布洛肯河	38	38	—	0	0	38
洛登河	286	179	—	−15	0	165
坎帕斯皮河	276	189	—	−7	0	182
威默拉河/麦里河	94	81	—	1	0	82
基沃河	16	16	—	0	0	16
奥文斯河	53	53	—	0	0	53
墨累河	1175	1377	—	−19	0	1358
总计	2651	2383	0	−13	0	2370
南澳大利亚州						
阿德莱德及其相关地区[8,9]	130	196	—	11	0	207
墨累河下游沼泽区	99	99	—	0	0	99
乡村城镇	50	50	—	−11	0	39
墨累河取水的其他用途	512	512	—	−9	0	503
总计	790	857	0	−9	0	848

续表

流　域	流域的基本授权水量[1]（GL）	管制流域内本年度的水权利用量[2]（GL）	本年度过度开采利用水量[3]（GL）	调入流域的配置水量[4]（GL）	2002/03年始的净结余水权[5]（GL）	流域内总配置水量[6]（GL）
昆士兰州						
康达迈恩河/巴朗河	127	104	—	0	0	104
边界河	87	52	—	16	0	69
麦金太尔河	19	16	—	−3	0	13
穆尼河	0	0	—	0	0	0
沃里戈河	3	3	—	0	0	3
帕鲁河	0	0	—	0	0	0
总计	235	176	0	13	1	190
澳大利亚首都特区[10]	40	40	0	0	0	40
流域总计	11694	5967	620	0	1538	8125

注：1．流域内水权总计（新南威尔士州基本保证和高保证率下的水权总计），包括未管制流域内的水权，以水量的形式表述（如在维多利亚州）。2．基本水权叠加的总计，如果哪个地区需要，则其可以在年度内获得的授权水量比例最高。新南威尔士州具有高保证率下的水权，因此包括高保证率下水权的分配。3．进行连续性计量时，个体计量可以积累到授权的一个特定比例，并且年度内也只能利用授权水量中的指定取水量。4．来自表9-1中的净流域内水权暂时性转让。5．净结余水权减去上一年的透支水量（见表10-2）。6．配置水量＝管制流域内本年度的可利用的水权＋超额取水量＋流域内水权交易量＋上年度的净结余水权（在新南威尔士州额外的高保证率水权也要计算在内）。7．水权 518GL 是上限。巴朗河流域的配置水量是基于特大事件。8．5 年平均分配水量总量是 650GL。9．2000/01 水文年的取水量超过了 5 年的平均限额管理水平。10．澳大利亚首都特区没有正式的水权；可以看到净取水量。

表 10-2　2002/03 年水权的结余与透支量

流　域	2002/03 年始的结余水权（GL）	2002/03 年取消的结余水权[1]（GL）	2002/03 年始的净结余水权[2]（GL）
新南威尔士州			
边界河	114	0	114
圭迪尔河	207	0	207
纳莫伊河	203	0	203

流　域	2002/03 年始的结余水权（GL）	2002/03 年取消的结余水权 1（GL）	2002/03 年始的净结余水权 2（GL）
麦夸里河/卡斯尔雷河/博根河	382	0	382
巴朗—达令河	0	0	0
下达令河	36	0	36
拉克兰河	167	0	167
马兰比季河	195	0	195
墨累河	233	0	233
总计	1537	0	1537
维多利亚州			
古尔本河	0	0	0
布洛肯河	0	0	0
洛登河	0	0	0
坎帕斯皮河	0	0	0
威默拉河/麦里河	0	0	0
基沃河	0	0	0
奥文斯河	0	0	0
墨累河	0	0	0
总计	0	0	0
南澳大利亚州			
阿德莱德及其相关地区	0	0	0
墨累河下游沼泽区	0	0	0
乡村城镇	0	0	0
墨累河取水的其他用途	0	0	0
总计	0	0	0
昆士兰州			
康达迈恩河/巴朗河	1	0	0
边界河	0	0	0
麦金太尔河	1	0	0
穆尼河	0	0	0
沃里戈河	0	0	0
帕鲁河	0	0	0
总计	2	0	1

续表

流　域	2002/03 年始的 结余水权（GL）	2002/03 年取消的 结余水权 1（GL）	2002/03 年始的净 结余水权 2（GL）
澳大利亚首都特区	0	0	0
流域总计	1539	0	1538

注：1. 在特定的条件下（如蓄水量丰富），上一年度的结余与透支都可以被抵消；2. 净结余水权定义为：［（结余－抵消掉的结余）－（透支－抵消掉的透支）］。

表 10-3　2002/03 水文年授权水量中的可利用水量

流　域	流域的总 配置水量[1] （GL）	配置外集 水利用量[2] （GL）	配置外未 管制区域 利用水量[3] （GL）	配置外的 系统渗漏 损失水量[4] （GL）	流域的授 权水量[5] （GL）
新南威尔士州					
边界河	124	3	14	0	140
圭迪尔河	225	6	10	0	241
纳莫伊河	258	0	78	0	336
麦夸里河/卡斯尔雷河/博根河	432	0	35	0	468
巴朗—达令河	0	20	0	0	20
下达令河	84	0	39	0	123
拉克兰河	262	0	15.0	0	277
马兰比季河	1719	104	42.0	0	1865
墨累河	953	0	28	0	980
总计	4056	133	262	0	4452
维多利亚州					
古尔本河	477	0	0	228	704
布洛肯河	38	0	0	6	44
洛登河	165	0	0	51	216
坎帕斯皮河	182	0	0	54	236
威默拉河/麦里河	82	0	0	28	109
基沃河	16	0	0	0	16

续表

流　域	流域总配置水量 [1]（GL）	配置外集水利用量 [2]（GL）	配置外未管制区域利用水量 [3]（GL）	配置外的系统渗漏损失水量 [4]（GL）	流域的授权水量 [5]（GL）
奥文斯河	53	3	0	0	57
墨累河	1358	0	0	412	1770
总计	2370	3	0	778	3152
南澳大利亚州					
阿德莱德及其相关地区 [6]	207	0	0	0	207
墨累河下游沼泽区	99	0	0	0	99
乡村城镇	39	0	0	0	39
墨累河取水的其他用途 [7]	503	0	0	0	503
总计	848	0	0	0	848
昆士兰州					
康达迈恩河/巴朗河	104	39	12	0	155
边界河	69	16	2	0	86
麦金太尔河	13	0	0	0	13
穆尼河	0	6	0	0	6
沃里戈河	3	5	1	0	8
帕鲁河	0	0	0	0	0
总计	189	65	14	0	268
澳大利亚首都特区	40	0	0	0	40
流域总计	7504	202	276	778	8760

注：1. 来自表 10-1 中的配置水量（新南威尔士州的数据是约数）。2. 对于配置外集水的用水量，新南威尔士州、昆士兰州和维多利亚州已经公布。3. 维多利亚州作为未管制流域的水权包含在基本水权内。4. "不属于配置范围内的系统渗漏损失"是灌溉系统中的损失，该权利在农场中有所指定但输送系统中的损失没有特定的条例。5. 巴朗河流域的水量配置是基于特大事件。6. 2002/03 年阿德莱德及其相关地区的授权用水量将会超过 5 年的平均限额取水量 650GL。7. 授权水量不等同于"墨累河调水作为其他用途"的限额组份，其被定义为许可分配量的 90%。8. 授权取水量不等于"墨累河所取水量的其他用途"的限额，它是通过许可分配水量的 90%来计算的。

表 10-4　2000/01 年流域分配水量的利用率

流　域	流域取水量（GL）	从其他流域的调水量（GL）	流域的总用水量（GL）	流域的授权水量（GL）	流域内用水量占授权水量的百分比（%）
新南威尔士州					
边界河[1]	137	0	137	140	98
圭迪尔河	238	0	238	241	99
纳莫伊河	294	0	294	336	87
麦夸里河/卡斯尔雷河/博根河	411	0	411	468	88
巴朗—达令河[1]	19	0	20	20	100
下达令河[1]	107	0	107	123	87
拉克兰河	253	0	253.0	277	91
马兰比季河	1793	0	1793.0	1865	96
墨累河	879	0	879	980	90
总计	4131	0	4132	4452	93
维多利亚州					
古尔本河	1004	−343	661	704	94
布洛肯河	39	0	39	44	88
洛登河	32	178	210	216	98
坎帕斯皮河	74	139	213	236	90
威默拉河/麦里河	63	2	65	109	59
基沃河	12	0	12	16	76
奥文斯河	32	0	32	57	56
墨累河	1701	22	1723	1770	97
总计	2957	−2	2955	3152	94
南澳大利亚州					
阿德莱德及其相关地区[2]	165	0	165	207	80
墨累河下游沼泽区	99	0	99	99	100
乡村城镇	39	0	39	39	101
墨累河取水的其他用途[3]	434	0	434	503	86
总计	737	0	737	848	87

续表

地 域	流域取水量（GL）	从其他流域的调水量（GL）	流域的总用水量（GL）	流域的授权水量（GL）	流域内用水量占授权水量的百分比（%）
昆士兰州					
康达迈恩河/巴朗河	123	0	123	155	79
边界河	67	0	67	86	78
麦金太尔河	11	0	11	13	86
穆尼河	6	0	6	6	100
沃里戈河	7	0	7	8	91
帕鲁河	0	0	0	0	100
总计	214	0	214	268	80
澳大利亚首都特区	40	0	40	40	100
流域总计	8079	−2	8078	8760	92

注：1. 流域内的授权水量不是以统计形式描述的水量，可以应用到集水利用、未管制流域的不需要配置和地区许可证中。2. 2000/01 年阿德莱德及其相关地区的授权用水量将会超过 5 年的平均限额取水水平 650GL。3. 授权水量不等同于"墨累河所取水量的其他用途"的限额，其被定义为许可分配量的 90%。

第11章 实际径流量与天然径流量的比较

部长理事会决定实施取水总量限额管理的关键性因素是许多流域的河流径流机制已经发生了重大变化。这也可以表述为流域自身的径流季节性变化（主要水坝以下会发生）或总流量的锐减（出现在许多河流的下游）。作为取水总量限额监测的一部分，各州已经同意上报每条河流的天然径流机制。

天然径流可通过计算模型模拟预测。许多河流模型还不是很完整或还没有修正，这就导致了还不能通过现有的数据准确计算 2002/03 年的天然径流量。表 11-1 为选定的主要站点的天然径流量和实际径流量的对照，而径流量受到的影响如图 11-1 所示。

表 11-1 2000/01 年主要测站点的实际与天然径流量的比较

流　域	实际径流量（GL）	天然径流量（GL）	实际径流量/天然径流量（%）
流域内调水			
雪山引水至马兰比季河	552	0	—
雪山引水至墨累河	904	0	—
格莱尼尔河至威默拉河/麦里河	n/a	n/a	—
万侬河至威默拉河/麦里河	n/a	n/a	—
新南威尔士州支流			
蒙津蒂的巴朗河和布米河	76	n/a	n/a
圭迪尔湿地的入流量	122	n/a	n/a

流　域	实际径流量 （GL）	天然径流量 （GL）	实际径流量/天然 径流量（%）
圭迪尔地区出流到巴朗河的水量	78	n/a	n/a
纳莫伊地区出流到巴朗河的水量	44	n/a	n/a
麦加利沼泽区的入流量	76	n/a	n/a
麦夸里河/卡斯尔雷河/博根河的出流量	14	n/a	n/a
达令河流入到麦宁迪湖泊的水量	89	n/a	n/a
拉克兰河的奥克斯利	25	n/a	n/a
拉克兰河的布利格尔	31	n/a	n/a
马兰比季河的巴尔拉纳德	204	n/a	n/a
下达令河的柏坦尼	19	n/a	n/a
维多利亚州支流			
基沃河的班迪亚纳	243	255	95
奥文斯河的旺加拉塔	355	390	91
古尔本河的麦考伊桥	171	907	19
坎帕斯皮河的罗契斯特	8	46	17
洛登河的亚平南	1	22	7
威默拉河的霍舍姆	0	11	4
昆士兰州支流			
新南威尔士州边界的康达迈恩河 /巴朗河/卡尔戈阿河	30	n/a	n/a
沃里戈河的坎纳马拉	239	n/a	n/a
穆尼河的芬顿	9	n/a	n/a

续表

流　域	实际径流量（GL）	天然径流量（GL）	实际径流量/天然径流量（%）
沃里戈河的坎纳马拉	312	n/a	n/a
帕鲁河的凯沃罗	60	n/a	n/a
墨累河			
奥伯里	4542	1714	265%
亚拉沃加	3251	n/a	n/a
尤斯顿	2488	n/a	n/a
南澳大利亚边界	1837	n/a	n/a
堰坝	0	n/a	n/a

注：1. n/a 意思是不能使用；2. 方案数据容易变化。

（a）

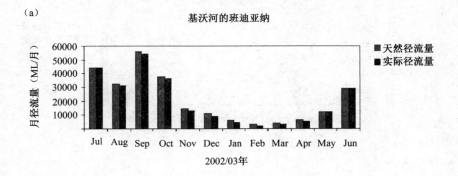

图 11-1　2002/03 年维多利亚州主要站点的实际径流量与天然径流量（模型计算）

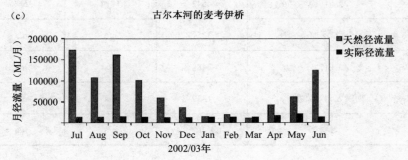

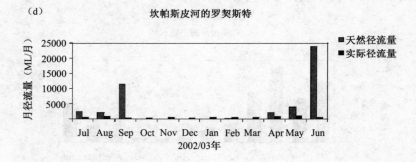

图 11-1 维多利亚州主要站点的实际径流量与天然径流量（模型计算）（续）

第 12 章 流域主要集水工程水量蓄积与消耗情况

集水工程蓄积的水资源为用水者提供了安全可靠的用水，尤其在恶劣的气候条件下这部分水量起到了关键作用。

在降雨量较大、河道流量增多的情况下，农业灌溉取水量较小，同时大部分降水汇入集水工程被储存起来；与之相对应地，在降雨量较小且河道流量很小的情况下，通常需要大量水分以满足安全灌溉的需求。在这种情况下，集水工程存储水量用来补给河道以增加河道流量。

流域内各主要集水工程（集水量超过 10GL 以上）的耗水情况如表 12-1 所示。报告显示：2002/03 年总集水量已经由 10116GL 下降到 5023GL（占工程容纳总水量的 20%）；通过计算可得流域内主要工程水分蒸散发量为 824GL，占工程总容量的 3%，占补给河流水量的 10%；由于集水工程及蒸散发造成的径流总量增加为 2738GL，占流域取水量的 53%。

表 12-1 2000/01 年流域主要集水工程（容量超过 10GL）的水分蓄积与消耗情况

	流域	集水工程	修建年份	集水能力（GL）	年初集水量（GL）	年末集水量（GL）	年末集水比例（%）	年内集水变化量（GL）	蒸散发消耗量（GL）	河道取水量（GL）
墨累—达令流域委员会	达令河下游	Menindee Lakes[1]	1960 年	1916	338	70	4	−268	199	−69
	墨累河	Dartmouth Reservoir	1979 年	3906	3269	1177	30	−2092	24	−2068

流域		集水工程	修建年份	集水能力（GL）	年初集水量（GL）	年末集水量（GL）	年末集水比例（%）	年内集水变化量（GL）	蒸散发消耗量（GL）	河道取水量（GL）
墨累—达令流域委员会	墨累河	Hume Reservoir	1936—1961年	3038	563	535	18	−28	62	34
		Lake Victoria	1928年	680	392	287	42	−105	142	37
	总计			9540	4563	2069	22	−2494	427	−2067
墨累—达令下雪山区流域委员会	马兰比季河谷	Jounama Pondage	1968年	44	25	24	55	−1	0	−1
		Talbingo Reservoir	1971年	921	891	877	95	−14	12	−2
		Tantangara Reservoir	1960年	254	26	20	8	−6	0	−6
		Tumut Pondage	1958年	53	24	10	19	−14	0	−14
	墨累河谷	Geehi Reservoir	1966年	21	14	13	62	−1	0	−1
		Tooma Reservoir	1961年	28	4	3	11	−1	0	−1
		Khancoban Pondage	1965年	22	6	14	65	8	0	8
	总计			1342	990	961	72	−29	12	−17
边界河委员会	边界河	Glenlyon Dam	1976年	254	118	28	11	−90	7	−84
	总计			254	118	28	11	−90	7	−84
新南威尔士州	边界河	Pindari Reservoir	1962—1996年	312	168	88	28	−80	6	−73
	圭迪尔河	Copeton Reservoir	1976年	1364	428	219	16	−210	11	−199
	纳莫伊河	Chaffey Reservoir	1979年	62	49	21	33	−29	3	−26
		Keepit Reservoir	1960年	423	114	72	17	−43	25	−18
		Split Rock Reservoir	1987年	397	264	51	13	−213	11	−202

续表

流域	集水工程	修建年份	集水能力（GL）	年初集水量（GL）	年末集水量（GL）	年末集水比例（%）	年内集水变化量（GL）	蒸散发消耗量（GL）	河道取水量（GL）
新南威尔士州	麦夸里河	Burrendong Reservoir	1967年	1678	462	141	8	−321	18	−302
		Windamere Reservoir	1984年	368	319	183	50	−136	11	−125
	拉克兰河	Carcoar Reservoir	1970年	36	28	9	25	−19	2	−17
		Lake Brewster	1952年	153	0	0	0	0	0	0
		Lake Cargelligo	1902年	36	26	20	55	−6	22	15
		Wyangala Reservoir	1936—1971年	1220	496	106	9	−390	21	−369
	马兰比季河	Blowering Reservoir	1968年	1631	412	192	12	−220	3	−217
		Burrinjuck Dam	1907—1956年	1028	258	72	7	−186	11	−175
		Tombullen Off-River	—	—	—	—	—	—	—	—
		Storage	1980年	11	n/a	n/a	n/a	n/a	n/a	n/a
		Hay Weir	1981年	14	n/a	n/a	n/a	n/a	n/a	n/a
	总计			8733	3025	1172	13%	−1853	145	−1708
维多利亚州	古尔本河/布洛肯河	Eildon Reservoir	1956年	3390	713	377	11	−336	38	−298
		Lake Mokoan	1971年	365	150	77	21	−72	74	1
		Lake Nillahcootie	1967年	40	19	11	27	−8	3	−6
		Cairn Curran Reservoir	1956年	148	33	9	6	−24	5	−19
		Tullaroop Reservoir	1959年	74	20	9	12	−11	4	−7

续表

流域		集水工程	修建年份	集水能力（GL）	年初集水量（GL）	年末集水量（GL）	年末集水比例（%）	年内集水变化量（GL）	蒸散发消耗量（GL）	河道取水量（GL）
维多利亚州	坎帕斯皮河	Lake Eppalock	1964年	312	88	23	7	−66	11	132
		Lauriston Reservoir	1941年	20	15	10	49	5	2	−55
		Malmsbury Reservoir	1870年	18	8	1	4	−8	1	−3
		Upper Coliban Reservoir	1903年	37	11	2	4	−9	1	−6
	威默拉河/麦里河	Lake Bellfield	1966年	79	22	10	12	−12	1	−11
		Lake Fyans	1916年	21	7	5	23	−3	2	0
		Lake Lonsdale	1903年	66	0	0	0	0	0	0
		Lake Taylor	1923年	36	15	8	22	−7	6	−1
	墨累河/基沃河/奥文斯河	Pine Lake	1928年	64	2	0	0	−2	2	0
		Tooloondo Reservoir	1953年	107	4	1	1	−3	4	1
		Wartook Reservoir	1887年	29	22	19	66	−3	5	3
		Rocky Valley Reservoir	1959年	28	7	25	89	18	2	20
		Lake Buffalo	1965年	24	14	15	61	1	2	3
		Lake William Hovell	1973年	14	10	14	101	4	1	5
总计				4871	1160	614	13	−546	165	−382
昆士兰州	康达迈恩河/巴朗河	Beardmore Dam	1972年	82	37	50	61	13	25	38
		Chinchilla Weir	1974年	10	4	5	48	1	4	5
		Cooby Dam	1942年	21	12	9	43	−2	3	1
		Jack Taylor Weir	1953—1959年	10	5	10	97	5	3	8
		Leslie Dam	1985年	106	12	7	6	−6	7	1

续表

流　域	集水工程	修建年份	集水能力（GL）	年初集水量（GL）	年末集水量（GL）	年末集水比例（%）	年内集水变化量（GL）	蒸散发消耗量（GL）	河道取水量（GL）
昆士兰州 麦金太尔河	Coolmunda Dam	1968年	75	37	9	12	−28	17	−11
总　计			304	106	89	29	−17	58	41
澳大利亚首都特区 马兰比季河	Bendora Reservoir	1961年	11	9	9	87	0	0	0
	Corin Reservoir	1978年	76	36	26	35	−10	2	−7
	Googong Reservoir	1979年	125	108	54	44	−54	9	−45
总　计			211	153	90	43	−63	11	−52
总　计			25338		25338	10116	5023	20%	−5093

注：Menidee 使用的是 2002 年 Wetherell 的调查数据。

第 13 章　流域使用地下水情况

13.1　概述

用水限额管理局 2000 年 8 月在对实施限额管理以来的用水数据进行分析的基础上，为各流域机构提出了以下几项关于地下水管理的建议：

- 地下水管理措施应该以地表水限额综合管理措施为基础（第 20 条建议）；

- 墨累—达令河流域的地下水管理措施应该由地下水技术咨询部进行制定，要实现对地下水公平与可持续的管理，并要阐明管理措施如何对未来用水限额产生影响（第 21 条建议）。

地下水技术咨询部正在推行多项措施以达到上述要求。本章内容主要阐述与第 20 条建议相一致的地下水、地表水综合管理框架。

13.2　2002/03 年地下水使用量

地下水技术咨询部对 2002/03 年各流域地下水管理机构的地下水流量与实际用水量进行了估算，对新南威尔士州的数据进行了补充。同时，利用 GIS 技术分析了各流域地下水的分布情况。由于无法对含水层做到精细划分，分析得到的地下水量数据难免存在一定的误差。通过 GIS

技术分析得到的数据如表 13-1 所示，它反映了澳大利亚全流域的地下水概况。

表 13-1　澳大利亚 2002/03 年各流域地下水使用量

河流地下水系统	维持生态平衡地下水流量（GL/Y）	2002/03 地下水分配量（GL）	2002/03 地下水使用量（GL）	地表水使用量[1]（GL）
新南威尔士州				
边界河	9	17	10	137
穆尼河	88	135	80	
圭迪尔河	70	137	84	238
纳莫伊河	210	504	246	294
麦夸里河/卡斯尔雷河/博根河	164	246	119	411
巴朗—达令河	10	20	9	19
下达令河				107
拉克兰河	402	504	255	253
马兰比季河	322	508	338	1793
墨累河	113	289	142	879
新南威尔士州总计	1389	2361	1283	4131
维多利亚州				
古尔本河/布洛肯河/洛登河	289	108	45	1076
坎帕斯皮河	18	27	17	74
威默拉河/麦里河				63
基沃河/奥文斯河/墨累河	357	84	34	1744
维多利亚州总计	663	219	97	2957
南澳大利亚州				
南澳大利亚州墨累河流域[2]	52	52	27	737
南澳大利亚州总计	52	52	27	737

河流地下水系统	维持生态平衡地下水流量（GL/Y）	2002/03 地下水分配量（GL）	2002/03 地下水使用量（GL）	地表水使用量 1（GL）
昆士兰州				
康达迈恩河/巴朗河	220	212	213	123
边界河	19	20	10	67
麦金太尔河		1	1	11
穆尼河	1	0	0	6
沃里戈河	5	2	1	7
帕鲁河		0	0	0
昆士兰州总计	245	235	225	214
澳大利亚首都特区	7	1	1	40
总计	2356	2868	1632	8079

注：1. 参见表 1-1；2. 将南澳大利亚州地下水利用划分为多个独立的区域是不合理的。

经估算得出，维持地下水最大可利用量为 2356GL，地下水供分配水量为 2868GL。地下水实际使用量为 1632GL，占供给水量的 57%，占最大可利用量的 69%，而地下水消耗量的 20%是由人为取水造成的。这也充分说明了地下水是非常重要的资源，而进一步加强对地下水的管理是非常重要的。SKM 机构（2003）最近通过计算指出，地下水的使用与地表径流量间存在重要的关系，平均地下水每消耗 100mL 地表径流量就将减少 600mL，这一数据也让我们意识到对地下水取水实行限额管理的必要性。

13.3　1999/00 年以后地下水使用量

图 13-1 给出了 1999/00 年及其以后地下水的使用情况，从图中可以看出地下水使用量呈稳步增长的趋势。

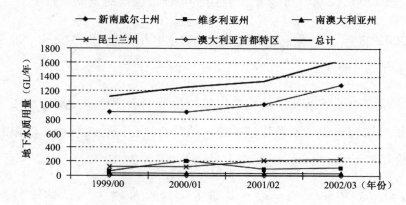

图 13-1　1999/00 年及其以后地下水的使用情况

第 14 章　总结

本报告的文字和数据是按照《墨累—达令流域协议》的 F 计划要求对该流域 2002/03 年关于水资源耗用量与管理进行的全面审查。

2002/03 年，墨累—达令流域的地表水利用总量为 8079GL，地下水利用总量为 1632GL。

本报告中地下水使用情况采用第四次地下水评价的数据。由于《地下水管理法规》和《限额管理措施》的联合执行，各流域用水的限制都非常严格。

2002/03 年澳大利亚用水总量占供给水量的 92%，这一数据在 2001/02 年为 83%，2000/01 年为 73%，1999/00 年为 69%，1998/99 年为 71%，1996/97 年和 1997/98 年为 76%。

与之前相比，2002/03 年的取水测量精度仍然保持在±7%。

更加严格的取用水许可制度将在新南威尔士州、昆士兰州和澳大利亚首都特区实施，加之在南澳大利亚州墨累沼泽区安装了计量仪表，测量精度将会有明显改善。

2002/03 年新南威尔士州、维多利亚州、南澳大利亚州际间的水交易活动得到了进一步的发展。

如果南澳大利亚州正在开发的限额管理模型及昆士兰州的水资源管

理规划投入使用，未来对流域天然径流量的预测和计算将更加准确。

2002/03 年主要集水工程的蓄水量从原来的 10116GL 减少到了 5023GL。集水工程内水分蒸散发损失量为 824GL，占总蓄水能力的 3%，占流域取水总量的 10%。

在实施严格限额用水制度的情况下，新南威尔士州的拉克兰河流域的取水量超过了取水限额，但整体而言，整个流域还拥有一定的取水信用额度。

根据地下水技术咨询部的估算，2002/03 年地下水可开采量为 2356GL，而地下水分配的水量为 2868GL，地下水实际使用量为 1632GL。

2002/03 年 Barmah-Millewa 森林的取水量为 0。

在《限额管理措施》执行过程中，对于用水者的监管是一个巨大且复杂的难题，它需要政府和墨累—达令流域机构采取联合且持续的管理措施。很明显，对于水资源管理工作而言，推进《限额管理措施》的执行及制定更多的可持续用水措施是非常必要的，同时，各级政府部门也应该积极地推进水资源管理工作的执行。这也是为了确保实现用水社会经济利益最大化，并维持水资源持续利用及环境保护之间的平衡。

附录 A　各地区水交易量

单位：GL

州	流域	1997/98 年	1998/99 年	1999/00 年	2000/01 年	2001/02 年	2002/03 年
新南威尔士州	河网	0	0	0	0	0	0
	边界河	0	−1593	−3505	−8474	−8695	−13499
	圭迪尔河	0	0	0	0	0	0
	纳莫伊河	0	0	0	0	0	0
	麦夸里/卡斯尔雷/博根河	0	0	0	0	0	0
	巴朗河/下达令河	5393	13017	8986	21934	7816	0
	拉克兰河	0	0	0	0		
	马兰比季河	−33444	−38022	−113650	−21416	31487	−14489
	墨累河	30207	6782	105811	−12898	−33387	30868
	总计	2156	−19816	−2358	−20854	−2779	2880
维多利亚州	古尔本河/布洛肯河/洛登河	−2957	3456	−6531	−2101	−1036	−8243
	坎帕斯皮河	0	0	0	0	0	0
	威默拉河/麦里河	0	0	0	0	0	750
	墨累河/基沃河/奥文斯河	17572	11736	−572	−303	−8553	−12869
	总计	14615	15192	−7103	−2404	−9589	−20362
南澳大利亚州	阿德莱德及其相关地区	0	0	0	0	12000	11000
	墨累河下游沼泽区	−2596	−3136	−4213	−4577	−4300	−5000
	乡村城镇	0	0	0	0	−12000	−11000
	墨累河取水的其他用途	−14175	6717	11436	19802	10041	8973
	总计	−16771	3581	7223	15225	5741	3973

州	流　域	1997/98 年	1998/99 年	1999/00 年	2000/01 年	2001/02 年	2002/03 年
昆士兰州	康达迈恩河/巴朗河	0	0	0	0	0	0
	边界河	0	1593	3505	8474	8695	13499
	麦金太尔河	0	0	0	0	0	0
	穆尼河	0	0	0	0	0	0
	沃里戈河	0	0	0	0	0	0
	帕鲁河	0	0	0	0	0	0
	总计	0	1593	3505	8474	8695	13499
澳大利亚首都特区		0	0	0	0	0	0
流域总计		0	550	1267	441	2069	−9

附录 B 考虑水交易调整后各地区的取水限额

单位：GL

州	流域	1997/98 年	1998/99 年	1999/00 年	2000/01 年	2001/02 年	2002/03 年
新南威尔士州	河网	n/a	n/a	n/a	n/a	n/a	n/a
	边界河	166	177	144	n/a	n/a	n/a
	圭迪尔河	555	294	408	249	432	435
	纳莫伊河	329	318	342	333	342	256
	麦夸里/卡斯尔雷/博根河	373	556	412	517	565	
	巴朗河/下达令河	278	453	294	430	168	120
	拉克兰河	427	316	244	391	446	252
	马兰比季河	2499	2519	2021	2729	2646	2055
	墨累河	1950	1947	1884	2090	1948	483
	总计	6577	6580	5748	6739	6547	3601
维多利亚州	古尔本河/布洛肯河/洛登河	1943	1650	1627	1631	1619	1033
	坎帕斯皮河	132	81	75	109	105	85
	威默拉河/麦里河	n/a	n/a	n/a	n/a	n/a	n/a
	墨累河/基沃河/奥文斯河	1833	1770	1620	1680	1959	2063
	总计	3908	3501	3322	3420	3683	3181
南澳大利亚州	阿德莱德及其相关地区	n/a	n/a	n/a	n/a	n/a	n/a
	墨累河下游沼泽区	101	100	99	99	99	99
	乡村城镇	50	50	50	50	38	39
	墨累河取水的其他用途	426	447	452	460	451	450
	总计	577	598	601	609	588	587

续表

州	流 域	1997/98 年	1998/99 年	1999/00 年	2000/01 年	2001/02 年	2002/03 年
昆士兰州	康达迈恩河/巴朗河	n/a	n/a	n/a	n/a	n/a	n/a
	边界河	n/a	n/a	n/a	n/a	n/a	n/a
	麦金太尔河	n/a	n/a	n/a	n/a	n/a	n/a
	穆尼河	n/a	n/a	n/a	n/a	n/a	n/a
	沃里戈河	n/a	n/a	n/a	n/a	n/a	n/a
	帕鲁河	n/a	n/a	n/a	n/a	n/a	n/a
	总计	n/a	n/a	n/a	n/a	n/a	n/a
澳大利亚首都特区		n/a	n/a	n/a	n/a	n/a	n/a
流域总计		11063	10679	9672	10768	10818	7368

附录 C　年取水量

单位：GL

州	流　域	1997/98 年	1998/99 年	1999/00 年	2000/01 年	2001/02 年	2002/03 年
新南威尔士州	河网	n/a	n/a	n/a	n/a	n/a	n/a
	边界河	202	178	195	245	196	137
	圭迪尔河	531	305	444	424	460	238
	纳莫伊河	301	317	343	350	359	294
	麦夸里/卡斯尔雷/博根河	439	374	421	501	582	411
	巴朗河/下达令河	249	414	258	483	198	125
	拉克兰河	429	293	301	423	457	253
	马兰比季河	2585	2505	1875	2747	2348	1793
	墨累河	1886	2000	1234	2070	2113	879
	总计	6623	6386	5070	7244	6714	4131
维多利亚州	古尔本河/布洛肯河/洛登河	1909	1699	1553	1569	1700	1076
	坎帕斯皮河	96	76	73	113	124	74
	威默拉河/麦里河	184	153	116	98	93	63
	墨累河/基沃河/奥文斯河	1743	1804	1555	1712	1916	1744
	总计	3932	3731	3299	3491	3834	2957
南澳大利亚州	阿德莱德及其相关地区	153	153	139	104	82	165
	墨累河下游沼泽区	101	100	99	99	99	99
	乡村城镇	35	36	37	38	36	39
	墨累河取水的其他用途	375	400	368	421	403	434
	总计	664	690	642	662	620	737
昆士兰州	康达迈恩河/巴朗河	545	467	366	360	162	123
	麦金太尔河	186	123	163	288	163	78
	穆尼河	8	8	8	31	6	6
	沃里戈河	2	10	3	9	10	7
	帕鲁河	0	0	0	0	0	0
	总计	741	609	541	688	341	214
澳大利亚首都特区		44	23	27	34	36	40
流域总计		12004	11439	9579	12119	11545	8079

附录 D　年取水限额

单位：GL

州	流　域	长期取水限额	F计划警戒线	1997/98 年	1998/99 年	1999/00 年	2000/01 年	2001/02 年	2002/03 年
新南威尔士州	河网	n/a	n/a	n/a	n/a	n/a	n/a	n/a	n/a
	边界河	202	−40	−36	−1	−51	n/a	n/a	n/a
	圭迪尔河	344	−69	24	−11	−36	−176	−28	197
	纳莫伊河	320	−64	29	2	−1	−16	−17	−38
	麦夸里河/卡斯尔雷河/博根河	468	−94	−66	182	−10	16	−17	n/a
	巴朗河/下达令河	310	−62	28	39	36	−53	−31	−6
	拉克兰河	334	−67	−2	23	−56	−32	−11	−1
	马兰比季河	2358	−472	−86	14	146	−18	298	262
	墨累河	1926	−385	64	−53	651	20	−166	−396
	总计	6263	−1253	−46	194	678	−259	30	19
维多利亚州	古尔本河/布洛肯河/洛登河	2058	−412	34	−49	74	62	−81	−43
	坎帕斯皮河	122	−24	36	5	2	−4	−18	11
	威默拉河/麦里河	162	−32	n/a	n/a	n/a	n/a	n/a	n/a
	墨累河/基沃河/奥文斯河	1665	−333	90	−34	64	−32	42	318
	总计	4008	−802	161	−77	140	26	−57	286
南澳大利亚州	阿德莱德及其相关地区	n/a	n/a	n/a	n/a	n/a	n/a	n/a	n/a
	墨累河下游沼泽区	104	−21	0	0	0	0	0	0
	乡村城镇	50	−10	15	14	13	12	3	0
	墨累河取水的其他用途	441	−88	52	47	84	39	47	15
	总计	594	−119	66	61	98	51	50	15

续表

州	流　域	长期取水限额	F 计划警戒线	1997/98 年	1998/99 年	1999/00 年	2000/01 年	2001/02 年	2002/03 年
昆士兰州	康达迈恩河/巴朗河	n/a	n/a	n/a	n/a	n/a	n/a	n/a	n/a
	边界河	n/a	n/a	n/a	n/a	n/a	n/a	n/a	n/a
	麦金太尔河	n/a	n/a	n/a	n/a	n/a	n/a	n/a	n/a
	穆尼河	n/a	n/a	n/a	n/a	n/a	n/a	n/a	n/a
	沃里戈河	n/a	n/a	n/a	n/a	n/a	n/a	n/a	n/a
	帕鲁河	n/a	n/a	n/a	n/a	n/a	n/a	n/a	n/a
	总计	n/a	n/a	n/a	n/a	n/a	n/a	n/a	n/a
澳大利亚首都特区		n/a	n/a	n/a	n/a	n/a	n/a	n/a	n/a
流域总计		10864	−2173	181	178	915	−181	22	320

注：南澳大利亚州大阿德莱德地区采用一个 5 年滚动取水限额制度，因而不计算其累积取水信用额度。

附录 E　累积取水信用额度

单位：GL

州	流域	长期取水限额	F 计划警戒线	1997/98 年	1998/99 年	1999/00 年	2000/01 年	2001/02 年	2002/03 年
新南威尔士州	河网	n/a	n/a	n/a	n/a	n/a	n/a	n/a	n/a
	边界河	202	−40	−36	−38	−89	n/a	n/a	n/a
	圭迪尔河	344	−69	24	13	−23	−199	−226	−29
	纳莫伊河	320	−64	29	30	29	12	−4	−42
	麦夸里河/卡斯尔雷河/博根河	468	−94	−66	116	106	123	106	n/a
	巴朗河/下达令河	310	−62	28	68	103	51	20	14
	拉克兰河	334	−67	−2	21	−36	−68	−79	−80
	马兰比季河	2358	−472	−86	−73	73	55	353	615
	墨累河	1926	−385	64	11	662	682	516	120
	总计	6263	−1253	−46	148	826	656	686	599
维多利亚州	古尔本河/布洛肯河/洛登河	2058	−412	34	−15	59	121	40	−3
	坎帕斯皮河	122	−24	36	41	43	39	21	32
	威默拉河/麦里河	162	−32	n/a	n/a	n/a	n/a	n/a	n/a
	墨累河/基沃河/奥文斯河	1665	−333	90	57	121	89	131	449
	总计	4008	−802	161	83	223	249	192	478
南澳大利亚州	阿德莱德及其相关地区	n/a	n/a	n/a	n/a	n/a	n/a	n/a	n/a
	墨累河下游沼泽区	104	−21	0	0	0	0	0	0
	乡村城镇	50	−10	15	28	42	54	56	56
	墨累河取水的其他用途	441	−88	52	99	183	222	270	285
	总计	594	−119	66	127	225	276	326	341

续表

州	流域	长期取水限额	F 计划警戒线	1997/98 年	1998/99 年	1999/00 年	2000/01 年	2001/02 年	2002/03 年
昆士兰州	康达迈恩河/巴朗河	n/a	n/a	n/a	n/a	n/a	n/a	n/a	n/a
	边界河	n/a	n/a	n/a	n/a	n/a	n/a	n/a	n/a
	麦金太尔河	n/a	n/a	n/a	n/a	n/a	n/a	n/a	n/a
	穆尼河	n/a	n/a	n/a	n/a	n/a	n/a	n/a	n/a
	沃里戈河	n/a	n/a	n/a	n/a	n/a	n/a	n/a	n/a
	帕鲁河	n/a	n/a	n/a	n/a	n/a	n/a	n/a	n/a
	总计	n/a	n/a	n/a	n/a	n/a	n/a	n/a	n/a
澳大利亚首都特区		n/a	n/a	n/a	n/a	n/a	n/a	n/a	n/a
流域总计		10864	−2173	181	359	1274	1182	1204	1418

注：南澳大利亚大阿德莱德地区采用一个 5 年滚动取水限额制度，因而不计算其累积取水信用额度。

附录 F 南澳大利亚州大阿德莱德地区 5 年注册取水额度

单位：GL

南澳大利亚州	1997/98 年		1998/99 年		1999/00 年		2000/01 年		2001/02 年		2002/03 年	
	5 年取水限额总量	截至1997/98年5年取水量	5 年取水限额总量	截至1998/99年5年取水量	5 年取水限额总量	截至1999/00年5年取水量	5 年取水限额总量	截至2000/01年5年取水量	5 年取水限额总量	截至2001/02年5年取水量	5 年取水限额总量	截至2002/03年5年取水量
阿德莱德及其相关地区	153	522	153	566	139	576	104	541	82	631	165	642

附录 G　Barmah–Millewa（巴尔马—米瓦）森林环境用水明细

1993 年 6 月 25 日，墨累—达令流域委员会第 12 次会议确定每年从墨累河调水 100GL（分别由新南威尔士州和维多利亚州各负责 50GL）供 Barmah-Millewa 森林生态环境系统用水。

2001 年 3 月，部长理事会制定了 Barmah-Millewa 森林环境调水的运行规则。这些规则允许新南威尔士州和维多利亚州通过借款、投资回报和额外分配的方式进行调水。

单位：GL

	期初余额	期初借水量	当年调水量	泄水量	当年分配供水量	期末借水量	期末余额	当年额外分配量	当年总分配量
新南威尔士州	75	0	50	0	0	125	0	0	0
维多利亚州	25	0	50	0	0	0	75	0	0
总计	100	0	100	0	0	125	75	0	0